动物寄生虫病

主　编　杨永宁（青海农牧科技职业学院）
　　　　张春霞（青海农牧科技职业学院）
副主编　申禄昌（青海农牧科技职业学院）
参　编　贺海萍（青海农牧科技职业学院）
　　　　解秀梅（青海农牧科技职业学院）
　　　　胡佩莹（青海农牧科技职业学院）
　　　　汪生章（西宁市湟中区畜牧兽医站）
　　　　祁晓霞（门源县畜牧兽医站）
　　　　韩　梅（门源县畜牧兽医站）
主　审　刘秀清（青海农牧科技职业学院）

北京理工大学出版社
BEIJING INSTITUTE OF TECHNOLOGY PRESS

内容提要

本书由总论、各论和实训操作三部分组成。其中，总论包括动物寄生虫学基础知识和动物寄生虫病的基础理论两大项目。其主要介绍了相关寄生虫病的基本概念和分类，以及动物寄生虫病发生和发展的规律，预防和消灭寄生虫病的一般通用性措施。各论按寄生虫类别分为吸虫病、绦虫病、线虫病、动物蜘蛛昆虫病、动物原虫病5个项目。其中，吸虫病、绦虫病和线虫病合称为蠕虫病。其主要介绍每种寄生虫的病原、流行病学、生活史、临床症状、病理变化、诊断、治疗及防制。实训操作部分共有十五项实用的动物寄生虫病实验技能，分别对应各论部分相关章节的内容。

本书编写注重理论联系实际，结合动物医学临床和动物防疫与检疫专业相关要求，重视基本理论、基本知识和基本技能，突出科学性、系统性、实用性和适用性。每个项目后都附有项目小结、知识拓展与课后思考，便于学习、思考。

本书可作为高等院校动物医学专业、动物防疫与检疫专业的教学用书，也可作为基层兽医相关人员的参考用书。

图书在版编目（CIP）数据

动物寄生虫病 / 杨永宁，张春霞主编. -- 北京：
北京理工大学出版社，2024.6.
ISBN 978-7-5763-4288-8

Ⅰ. S855.9

中国国家版本馆CIP数据核字第202447F8U3号

责任编辑：封　雪　　　　文案编辑：毛慧佳
责任校对：周瑞红　　　　责任印制：王美丽

出版发行 / 北京理工大学出版社有限责任公司
社　　址 / 北京市丰台区四合庄路6号
邮　　编 / 100070
电　　话 / （010）68914026（教材售后服务热线）
　　　　　（010）68944437（课件资源服务热线）
网　　址 / http://www.bitpress.com.cn
版 印 次 / 2024年6月第1版第1次印刷
印　　刷 / 河北鑫彩博图印刷有限公司
开　　本 / 787 mm × 1092 mm　1/16
印　　张 / 10
字　　数 / 225千字
定　　价 / 59.00元

　　本书是青海农牧科技职业学院畜牧兽医等专业教材建设项目成果之一。在本书的编写过程中，编者力求实用性和适用性，根据学生特点注重思想性、科学性和先进性。遵循教育、教学规律，有利于培养学生的马克思主义世界观、人生观及学生独立思考能力和创造能力。另外，本书借助学习强国平台，选取行业内有突出贡献的人物事迹进行知识拓展，帮助学生建立对行业岗位的认知，培养岗位自豪感和使命感。

　　本书的编写分工如下：杨永宁负责编写项目1、项目2及全篇的宏观把握；张春霞编写项目3、项目4、项目5和项目6；胡佩莹编写项目7；贺海萍、解秀梅编写实训1和实训2；申禄昌编写实训5、实训6和实训15；汪生章编写实训7、实训8、实训9和实训10；祁晓霞编写实训3、实训11、实训12和实训13；韩梅编写实训4和实训14。本书由杨永宁、张春霞担任主编，由申禄昌担任副主编，由刘秀清教授担任主审，她从编写、修改到定稿都提供了许多指导性意见。

　　由于编者水平有限，书中难免存在疏漏之处，恳请广大读者批评指正。

编　者

前言 Preface

Contents **目 录**

实训操作

总 论

项目1 动物寄生虫学基础知识

【学习目标】

1. 掌握寄生虫与宿主之间的相互关系。
2. 掌握寄生虫和宿主的类型。
3. 掌握生活史的概念，了解寄生虫完成生活史所需要的条件。
4. 了解寄生虫的命名原则。
5. 培养热爱科学、实事求是的学习作风。

【学习重难点】

1. 寄生虫完成生活史的条件。
2. 寄生虫及宿主的类型。

 案例导入

　　疟疾，俗称"打摆子"，是经按蚊叮咬或者输入带有疟原虫的血液后所引起的一种虫媒传染的病。感染人体的疟原虫主要包括恶性疟原虫、间日疟原虫、三日疟原虫、卵型疟原虫和诺氏疟原虫等。按蚊因叮咬疟疾患者或带虫者从而携带疟原虫，疟原虫在按蚊体内经过一段时间发育成子孢子后，按蚊再次叮吸人血时，人体即被注入疟原虫子孢子而感染疟疾。一般发作时先后出现发冷、发热、出汗退热的周期性症状，长期多次发作引起贫血和脾脏肿大。病情严重的人会出现昏迷、休克等症状，甚至危及生命。

　　在这个案例中，寄生虫是什么？宿主是什么？寄生虫是怎样传播疾病的？

1.1　寄生虫与宿主

1.1.1　共生生活的概念

　　在自然界中，两种生物共同生活在一起的现象是比较常见的，是生物在长期进化的过程中形成的，这称为共生生活。根据共生双方的关系不同，可以分为以下三种。

1. 偏利共生

两种生物在一起生活，其中一方受益，另一方既不受益也不受害，这种生活关系称为偏利共生，又称为共栖。例如，对于鲨鱼和吸附在其体表的鲫鱼，后者以鲨鱼的废弃物为食，对鲨鱼不造成危害。又如，在人口腔中生活的齿龈内阿米巴虫吞食口腔中的食物颗粒，但不侵入口腔组织，对人不造成损害。

2. 互利共生

共生生活中的双方相互依赖，双方都获益互不损害，这种生活关系称为互利共生。例如，寄居在反刍动物瘤胃中的纤毛虫，帮助其分解植物纤维，有利于消化（反刍动物的），而瘤胃为纤毛虫提供了生存和繁殖需要的环境条件及营养。

3. 寄生生活

共生生活的一方受益，另一方受害，这种生活方式就称为寄生生活或者寄生。这种关系包括寄生物和宿主两个方面。得益的一方称为寄生虫，受害的一方称为宿主。另外，也可定义为营寄生生活或不劳而获的动物称为寄生虫，将被寄生的动物称为宿主。

1.1.2　寄生生活对寄生虫的影响

寄生虫从自由生活演化为寄生生活，为了更好地适应寄生生活，在长期的演化过程中，它们的身体构造和生理机能都发生了相应的变化。

1. 形态结构的变化

寄生虫为了更好地寄生在宿主体内或体表，逐渐进化产生了一些特殊的器官。例如，吸虫和绦虫的吸盘、小钩、小棘，线虫的唇、叶冠、齿板、口囊等起附着作用。

2. 生理功能的变化

寄生虫直接摄食宿主的营养物质，不再需要复杂而发达的消化器官，使消化器官变得简单而逐渐退化。寄生于胃肠道的寄生虫，其体壁和原体腔液内存在对胰蛋白酶和糜蛋白酶有抑制作用的物质，能保护虫体免受宿主小肠内蛋白酶的影响，许多消化道内的寄生虫能在低氧环境中以酵解的方式获取能量，能在厌氧的环境中生长、发育、繁殖，增强对体内和体外环境的适应能力。大多数吸虫、绦虫是雌雄同体，使寄生虫解决了寻找配偶的问题，使生殖器官变发达，提高了繁殖能力。线虫的生殖器官几乎占原体腔的全部。例如，人蛔虫雌虫每天可产卵 20 万个以上，一生能产虫卵大约 2 700 万个；日本分体吸虫的一个毛蚴进入螺体，经无性繁殖可产生数万条尾蚴。寄生虫繁殖能力强，这是保持虫种生存、对自然选择适应性的表现。

1.1.3　寄生虫的类型

营寄生生活的动物称为寄生虫。

1. 按照寄生虫的寄生部位分类

（1）外寄生虫。外寄生虫是指暂时或永久地寄生在宿主体表或与体表直接相通的腔、窦的寄生虫，如蜱、螨、绵羊虱蝇、羊鼻蝇蛆等。

（2）内寄生虫。内寄生虫是指寄生在宿主体内的寄生虫，如吸虫、线虫、绦虫等。

2. 按照寄生虫的寄生时间长短分类

（1）永久性寄生虫。永久性寄生虫是指终身不离开宿主的寄生虫，否则难以生存，如旋毛虫、螨等。

（2）暂时性寄生虫。暂时性寄生虫是指只在采食时才与宿主短暂接触的寄生虫，如雌蚊、雌虻等。

3. 按照寄生虫的发育过程分类

（1）单宿主寄生虫。单宿主寄生虫是指发育过程中只需要一个宿主的寄生虫，如猪蛔虫。

（2）多宿主寄生虫。多宿主寄生虫是指发育过程中需要更换两个或两个以上宿主的寄生虫，如吸虫、绦虫等。

4. 按照寄生虫寄生的宿主范围分类

（1）专一宿主寄生虫。专一宿主寄生虫是指寄生虫只寄生于一种特定的宿主，对宿主有严格的选择性，如马的尖尾线虫只寄生于马属动物，鸡球虫只感染鸡。

（2）非专一宿主寄生虫。非专一宿主寄生虫是指有些寄生虫能够寄生于多种宿主，如肝片吸虫能够寄生于绵羊、山羊、牛和其他许多反刍动物，也可以寄生于犬、猫等多种动物。

5. 按照寄生虫对宿主的依赖性分类

（1）专性寄生虫。专性寄生虫是指寄生虫在生活史中必须有寄生生活阶段，否则生活史就不能完成，如吸虫、绦虫等。

（2）兼性寄生虫。兼性寄生虫是指寄生虫在发育的过程中既可以营自由生活，又可以营寄生生活。

1.1.4 宿主的类型

凡是体内或体表有寄生虫寄生的动物就称为宿主。常见的宿主的类型有以下八种。

1. 终末宿主

终末宿主是指寄生虫成虫（性成熟阶段）或有性生殖阶段所寄生的宿主，如猪带绦虫寄生在人的小肠中，人是猪带绦虫的终末宿主。

2. 中间宿主

中间宿主是指寄生虫幼虫期或无性生殖阶段所寄生的宿主，如猪带绦虫的中绦期猪囊尾蚴寄生于猪体内，猪是猪带绦虫的中间宿主。

3. 补充宿主

补充宿主，又称第二中间宿主，某些寄生虫在其幼虫发育过程中需要两个中间宿主，第二个中间宿主称为补充宿主。例如双腔吸虫，它的第一中间宿主是蜗牛，第二中间宿主为蚂蚁，即双腔吸虫的补充宿主是蚂蚁。华支睾吸虫的补充宿主是淡水鱼和虾。

4. 贮藏宿主

有些寄生虫的感染性幼虫或虫卵进入某种动物体内，寄生虫在其体内不发育也不繁殖，但能保持原来的形态特征并对原宿主具有感染力，此动物被称为贮藏宿主，如蚯蚓是猪蛔虫的贮藏宿主。

5. 保虫宿主

寄生虫除经常寄生的宿主外，也可以寄生于其他一些宿主，通常把寄生虫不常寄生的宿主称为保虫宿主。如肝片吸虫易感染牛羊，偶尔感染人和大象，因此，人和大象是肝片吸虫的保虫宿主。

6. 带虫宿主（带虫者）

有些寄生虫感染宿主后，随着宿主抵抗力的增强或通过药物治疗，使宿主处于隐性感染状态，体内仍保存一定数量的虫体，但在临床上并不表现出症状，这种宿主称为带虫宿主，这种现象又称为带虫现象。它在临床上不表现出症状，对同种寄生虫的再感染具有一定的免疫力，如牛巴贝斯虫。

7. 传播媒介

传播媒介，通常是指在脊椎动物宿主之间传播寄生虫病的一类动物，多指吸血的节肢动物，如蜱在牛之间传播梨形虫。

8. 超寄生宿主

超寄生宿主是指某些寄生虫可以成为其他寄生虫的宿主，如疟原虫在蚊子体内，绦虫幼虫在跳蚤体内。

1.1.5　寄生虫与宿主的相互作用

寄生虫侵入宿主体内后，经过一定时间的移行，到达其特定的寄生部位，才能发育成熟。

1. 寄生虫对宿主的作用

（1）夺取营养。寄生虫在宿主体内生长、发育、繁殖，所需要的营养物质都来源于宿主。吸虫、线虫摄取宿主的血液、体液、组织和食糜，经消化器官进行消化和吸收。绦虫可通过体表摄取营养物质，依靠体表上突出的绒毛吸取肠黏膜组织中的维生素 B_{12}、蛋白质、碳水化合物、脂肪、矿物质和微量元素，并储存在自己的体内，因而寄生虫夺取宿主的营养物是多渠道的。另外，寄生虫的代谢产物使宿主消化和吸收功能发生改变，从而使宿主产生营养障碍，可引起宿主碳水化合物、脂肪和蛋白质代谢发生紊乱，如某些寄生虫会分泌毒性物质；消化道寄生虫常造成宿主消化机能障碍，如球虫等严重破坏宿主的肠上皮细胞，并使其脱落，从而导致其降低甚至丧失吸收功能。

（2）机械性损伤。

①固着。寄生虫利用吸盘、小钩、小棘、唇、口囊等器官固着于宿主的器官组织上，造成其损伤，甚至引起出血和炎症。

②移行。寄生虫进入宿主后需要经过一定的移行路线才能到达定居部位，在其移行的过程中，破坏了所经过器官或组织的完整性，对其造成损伤，形成了许多虫道。例如，猪蛔虫的幼虫移行过程中经过肺脏，导致蛔虫性肺炎。肝片吸虫囊蚴侵入牛羊消化道后，脱囊的幼

虫经门静脉或穿过肠壁从肝表面进入肝，再穿过肝实质到达肝胆管，引起肝实质的损伤和出血。

③压迫。某些寄生虫体积较大，压迫宿主的器官，造成组织萎缩和功能障碍，如寄生于动物和人的棘球蚴可达5～10 cm，它们会压迫肝和肺，引起肝脏和肺脏压迫性萎缩，导致功能障碍。某些寄生虫虽然体积不大，但由于寄生在宿主的重要生命器官，压迫而引起严重疾病，如寄生于动物和人脑的多头蚴和猪囊尾蚴等。

④阻塞。寄生于消化道、呼吸道、实质器官的寄生虫，常因大量寄生而阻塞管腔，如猪蛔虫和某些反刍动物的绦虫引起的肠阻塞或肠破裂和胆道阻塞等。

⑤破坏。在宿主组织细胞内寄生的原虫，在繁殖过程中大量破坏宿主的组织细胞，引起严重疾病，如梨形虫病破坏红细胞，造成动物贫血、黄疸和血红蛋白尿。

（3）带入病原体引起继发感染。一些寄生虫侵入宿主时，往往与其他病原微生物和寄生虫的感染有密切关系，主要表现方式有以下几种。

①接种病原。某些昆虫叮咬动物时，将病原微生物注入其体内，这亦是昆虫的传播媒介作用。如某些蚊子传播人和猪的日本乙型脑炎。

②携带病原。某些寄生虫侵入宿主时，可以把细菌、病毒、寄生虫等其他病原体一同携带进宿主体内。如猪毛尾线虫携带副伤寒杆菌，诺维氏梭菌由肝片吸虫带入绵羊体内而引起羊黑疫。

③协同作用性。宿主混合感染多种寄生虫使致病作用增强，或使机体抵抗能力下降，激活宿主体内处于潜伏状态的病原微生物和条件性致病菌，如仔猪感染食道口线虫病后，可激活副伤寒杆菌；还可为病原微生物的侵入打开门户，如犬感染蛔虫、钩虫和绦虫后，比健康犬更易发生犬细小病毒或犬瘟热。

（4）毒素作用和免疫损伤。寄生虫的代谢产物、分泌物及虫体崩解后的物质对宿主是有害的，可引起宿主局部或全身性的免疫病理反应，导致宿主组织机能的损伤，如蜱吸血时分泌溶血物质和乙酰胆碱类物质，使宿主血凝缓慢，血液流出量增多；寄生虫的代谢产物和死亡虫体的分解产物具有抗原性，可使宿主致敏引起局部或全身变态反应。

2. 宿主对寄生虫的作用

（1）局部组织的抗损伤反应。寄生虫侵入宿主机体后，刺激宿主组织，机体表现出炎性充血和免疫活性细胞浸润，机体的网状内皮系统细胞和白细胞对虫体寄生的局部进行吞噬、溶解、形成包囊和结节，将虫体包围起来。

（2）遗传因素的作用。一些动物表现出对某些寄生虫先天的不感受性，如马属动物不易感染细颈囊尾蚴。

（3）机体的屏障机能作用。宿主机体的皮肤、黏膜、血脑屏障及胎盘等可有效阻止某些寄生虫的侵入。

（4）年龄因素。不同年龄的个体对寄生虫的抗感染能力不同，这是一种生理性的非特异性免疫。

（5）后天获得性免疫。寄生虫侵入机体后，引起动物的细胞免疫系统活化，产生相应的抗体和免疫细胞，将寄生虫抑制甚至杀死，使感染处于低水平状态，此期间宿主不表现症状。

3. 寄生虫与宿主相互作用的结果

寄生虫与宿主相互作用的结果一般可归纳为以下三类。

（1）完全清除。宿主清除了体内的寄生虫，临床症状消失，并可防御再感染。这种现象较为少见。

（2）带虫免疫。宿主自身或经过治疗清除了大部分寄生虫，感染处在低水平状态，宿主不表现出明显的临床症状，此时呈现带虫状态。这种现象较为普遍。

（3）机体发病。宿主不能控制寄生虫的生长或繁殖，当其数量或致病性达到一定强度时，表现出临床症状和病理变化，导致寄生虫病的发生。

1.2 寄生虫的生活史

1.2.1 寄生虫生活史的概念及类型

寄生虫的生活史是指寄生虫完成一代生长、发育和繁殖的全过程，亦称为发育史，包括寄生虫的感染与传播的全过程。寄生虫的种类很多，生活史的形式多样。根据在发育过程中有无中间宿主，寄生虫可分为以下两种类型。

（1）直接发育型。寄生虫完成生活史不需要中间宿主，虫卵或幼虫在外界环境中发育到感染期后可直接感染动物或人，这类寄生虫称为土源性寄生虫，如牛、羊消化道线虫等。

（2）间接发育型。寄生虫完成生活史需要中间宿主，幼虫在中间宿主体内发育到感染期后感染动物或人，这类寄生虫又称为生物源性寄生虫，如旋毛虫、细粒棘球绦虫等。

1.2.2 寄生虫完成生活史的条件

寄生虫完成生活史必须具备以下条件。

（1）寄生虫必须有适宜的宿主，适宜的宿主或特异性的宿主是寄生虫建立感染的前提。

（2）虫体需发育到感染性阶段（或称侵袭性阶段），才有感染宿主的能力。

（3）寄生虫要有与宿主接触的机会。

（4）每种寄生虫需有特定的、不同的感染途径。

（5）寄生虫进入宿主体内后需经特定的移行路线到达寄生部位才能建立感染。

（6）寄生虫必须战胜宿主的抵抗能力。

例如，猪蛔虫感染必须有猪的存在，虫卵必须在外界适宜的温度和湿度下发育到感染性虫卵阶段；猪必须通过粪便、土壤或贮藏宿主接触到这些感染性虫卵；感染性虫卵经口进入猪体内；卵内幼虫释出后，通过血液循环，经肝、心、肺，再移行至咽，被猪吞咽后进入小肠，发育成成虫，最终完成其生活史。

1.2.3 宿主对寄生生活产生影响的因素

宿主对寄生虫所产生的抵抗，均会使寄生虫的生活史受到影响，其影响力主要取决于以下因素：

（1）遗传因素。某些动物对某些寄生虫具有先天不感受性，如马就不会感染多头蚴。

（2）年龄因素。不同年龄的个体对寄生虫的易感性有差异。一般来说，幼年动物对寄生虫易感，这与其免疫功能较低、对外界环境抵抗力弱有密切关系。

（3）机体组织屏障。宿主机体的皮肤、黏膜、血脑屏障以及胎盘等，可阻止或抵御某些寄生虫的侵入。

（4）宿主体质。宿主优良的体质可有效地抵抗寄生虫的感染，体质优劣主要取决于宿主的营养状态、饲养管理条件等因素。这是动物和人抵御寄生虫最重要的因素。

（5）宿主免疫作用。寄生虫的侵入、移行和寄生，使宿主机体发生局部组织抗损伤作用，导致组织增生和钙化；还可刺激宿主机体网状内皮系统发生全身性免疫反应，从而抑制虫体的生长、发育和繁殖。

1.3 寄生虫的分类和命名方法

1.3.1 寄生虫的分类

所有动物均属动物界，根据各动物之间相互关系的密切程度，分别组成不同的分类阶元。寄生虫分类的最基本的单位是种。种是指具有一定形态学特征和遗传学特征的生物类群。相互关系密切的种集合成一个属；相互关系密切的属集合成一个科；依此类推为目、纲、门、界等各分类阶元。为了更加准确地表达动物的相近程度，在上述分类阶元之间还存在一些"中间"阶元，如亚门、亚纲、亚目与总科、亚科、亚属、亚种或变种等。寄生虫分类也按此分类原则进行，与兽医有关的寄生虫主要有属于扁形动物门的吸虫纲、绦虫纲；线形动物门的线虫纲；棘头动物门的棘头虫纲；节肢动物门的蛛形纲、昆虫纲；环节动物门的蛭纲；原生动物亚界原生动物门等。为了表述方便，习惯上将吸虫纲、绦虫纲、线虫纲的寄生虫统称为蠕虫；昆虫纲的寄生虫称为昆虫；原生动物门的寄生虫称为原虫。而由其引起的寄生虫病就分别称为蠕虫病、昆虫病和原虫病。

1.3.2　寄生虫的命名方法

为了准确地区分和识别各种寄生虫，就需要给每种寄生虫确定一个专门的名称。国际公认的生物命名规则是林奈创造的双名制命名法。用这种方法给寄生虫确定的名称是寄生虫学名，即科学名。一个动物的科学名由两个字组成，第一个字是属名，即表示这种动物隶属于该属，第二个字是种名。例如，*Fasciola hepatica*，*Fasciola* 是属名，中文译名为片形（属）；*hepatica* 是种名，即"肝的"，中文译名为肝片吸虫。

寄生虫病的命名原则上以引起疾病的寄生虫的属名为准，如阔盘属的吸虫所引起的寄生虫病称为阔盘吸虫病。在某属寄生虫只引起一种动物发病时，通常在病名前冠以动物种名，如鸭鸟蛇线虫病。但在习惯上也有例外，如牛、羊消化道线虫病就是若干个属的线虫所引起的寄生虫病的统称。

项目小结

本项目主要讲述了寄生虫、宿主和生活史的概念。重点描述了寄生虫和宿主的分类，以及它们之间的相互作用；强调了寄生虫完成生活史所需要具备的条件。同时，本项目还简单介绍了寄生虫和寄生虫病的分类，以及命名方法。

知识拓展

扎根寄生虫研究的"父女双院士"中国科学院唐仲璋、唐崇惕院士。

唐仲璋是我国著名的生物学家、寄生虫学家和生物学教育家，也是我国寄生虫学的开拓者。12 岁便成孤儿的唐仲璋通过半工半读励志求学，在人体、经济动物及人畜共患寄生虫病病原生物学和流行病学的研究领域付出一生心血，对我国寄生虫病害的防制和寄生虫学基础理论的建立和发展，以及寄生虫科学的人才培养作出了杰出贡献。

早在大学时代，唐仲璋的女儿唐崇惕就跟随父亲深入血吸虫病区、丝虫病病区，进行了大量艰苦、细致的调研和防制工作。纵使家徒四壁，一家人饱受疾苦，父亲唐仲璋仍在攻坚克难，潜心于血吸虫病的研究。抗日战争时期，因日寇侵占北京，他不愿在日军占领下工作，愤然离开。留学美国期间，获悉中华人民共和国成立的好消息，他又毅然放弃继续深造的机会，历尽艰辛回归祖国。在他的言传身教下，在几十年岁月的浸润中，唐崇惕也如父亲一般，在祖国需要的领域披荆斩棘、探索求真。每谈及为何做科研，唐崇惕朴素的话语中不无力量："当时的中国的确笼罩在寄生虫病的阴霾里，我们做科研的要是不为人的健康着想，那就失去意义了！"于是，在卫生条件极差的流行病区，在寄生虫病面前，在简陋的科研条件下，唐崇惕和她的父亲选择的是迎难而上。她不仅继承了父亲艰苦奋斗的科研作风、祖祖辈辈除害灭病的奉献精神，还有一颗奉献祖国的心，即使面对当时西方国家先进的实验条件和优越的生活环境，也不为所动，坚持留在国内从事教学和科研，成为祖国需要的逆行者和开拓者。

课后思考

一、选择题

1.寄生虫成虫寄生的动物称为（　　　）。

　　A.终末宿主　　　B.中间宿主　　　C.保虫宿主　　　D.贮藏宿主　　　E.带虫者

2.寄生虫无性繁殖阶段寄生的宿主是（　　　）。

　　A.终末宿主　　　B.中间宿主　　　C.保虫宿主　　　D.贮藏宿主　　　E.带虫者

3.蚊子只在采食时才与宿主接触，其属于（　　　）。

　　A.内寄生虫　　　　　　　　B.单宿主寄生虫　　　　　　　C.多宿主寄生虫

　　D.长久性寄生虫　　　　　　E.暂时性寄生虫

4.蛔虫、钩虫等在发育的过程中只需要一个宿主，因此，它们被称为（　　　）。

　　A.外寄生虫　　　　　　　　B.单宿主寄生虫　　　　　　　C.多宿主寄生虫

　　D.永久性寄生虫　　　　　　E.暂时性寄生虫

二、思考题

1.寄生虫有哪些类型？

2.寄生虫对宿主的作用是什么？寄生虫与宿主相互作用的结果有哪些？

3.寄生虫完成生活史需要的条件有哪些？

项目2　动物寄生虫病的基础理论

【学习目标】

1. 掌握寄生虫病流行的三个基本环节。
2. 掌握寄生虫病的流行特征及其影响因素。
3. 了解寄生虫病免疫的基本理论。
4. 能够采取综合性措施，进行寄生虫病的防制。
5. 培养学生综合分析问题的能力。

【学习重难点】

如何采取综合性措施，预防和控制寄生虫病的发生和流行。

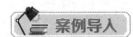 案例导入

某年秋季早期，某养殖场中的 6 周龄地面平养鸡群表现精神委顿、食欲减退、消瘦、拉稀。病死鸡极度消瘦。小肠黏膜增厚，出血，肠腔有大量黏液及多条呈带状的虫体。应该怎样诊断该病，尤其是怎样进行该病与其他传染病的区别诊断？根据诊断结果，应该怎样进行综合性防制？

2.1　动物寄生虫病流行病学

2.1.1　流行病学的概念

寄生虫流行病学是研究寄生虫病流行的科学，是研究动物群体的某种寄生虫病的发病原因、传播途径、流行过程及其发展的规律。流行病学也包括对某些个体的研究，因为个体所患的疾病有可能在条件具备时发展成群体疾病。

2.1.2　寄生虫病发生的基本环节

某种寄生虫病在某一地区流行必须同时具备三个基本环节，即感染来源、感染途径和易感动物。

1. 感染来源

感染来源通常是指有寄生虫寄生的病畜、带虫宿主、保虫宿主、贮藏宿主、生物传播媒介以及废弃的带有寄生虫病原的病畜组织、器官等。虫卵、幼虫、虫体等这些病原体通过这些宿主的粪、尿、痰、血液及其他分泌物、排泄物不断排出体外，污染外界环境，然后经过发育，经过一定的方式或途径转移给易感动物，造成感染。有些病原体不排出宿主体外，但也会以其他形式作为感染源，如患有牛环形泰勒虫病的病牛血液中的虫体可以通过硬蜱的吸血过程，传播给其他健康的牛。

2. 感染途径

感染途径是指病原体感染给易感动物的方式，可以是单一途径，也可以是多途径的。感染途径主要有以下八种方式。

（1）经口感染。寄生虫随采食、饮用水经口腔进入宿主体的方式，如吸虫、绦虫、多数线虫、球虫等。此种感染途径最为多见。

（2）经皮肤感染。寄生虫通过易感动物的皮肤，进入宿主体的方式，如仰口线虫、鸟毕吸虫、牛皮蝇幼虫经动物皮肤直接进入动物体内。

（3）接触感染。病健畜的直接接触而感染，或通过用具、人员和其他动物等的传递而间接感染，此种途径多见于外寄生虫的感染，如螨、虱、蜱等。

（4）经生物媒介感染。寄生虫通过节肢动物或吸血昆虫的叮咬、吸血而传播给易感动物。此种寄生虫多见于血液原虫，如梨形虫、锥虫等。

（5）经胎盘感染。母体寄生虫通过胎盘进入胎儿体内而发生感染，如弓形虫。

（6）自身感染。有些寄生虫产生的虫卵或幼虫不需要排出动物体外，在一些特殊的诱因下使原宿主再次受到感染。如猪带绦虫患者由于肠管逆蠕动，使孕卵节片或虫卵进入胃中，六钩蚴脱壳逸出进入肌肉内而感染猪囊尾蚴病。

（7）交配感染。动物通过直接交配或间接接触被污染的人工授精器械而发生的感染，如马媾疫。

（8）空气飞沫感染。宿主通过空气飞沫等进入呼吸道等途径感染，如兔的隐孢子虫病。

3. 易感动物

易感动物是指对某种寄生虫缺乏免疫力或免疫力低下的家畜、家禽等动物。寄生虫一般只能在一种或若干种动物体内生存，这是寄生虫对宿主的专一性。易感动物的种类、品种、年龄、性别、饲养方式及营养状况等均会对其是否发生寄生虫病产生影响，而其中最重要的因素是宿主的营养状况。

2.1.3　动物寄生虫病流行病学的基本内容

1. 寄生虫的生物学特性

寄生虫的生物学特性与研究寄生虫病流行特点及制定寄生虫病防制措施有密切关系。

2. 寄生虫的成熟时间

寄生虫的成熟时间是指寄生虫虫卵或幼虫感染宿主到成虫成熟排卵所需要的时间，这对于蠕虫病非常重要。确定排卵时间有助于人们制定防制措施。

3. 寄生虫在宿主体内的寿命

寄生虫在宿主体内所存活的时间决定着该寄生虫向外界散布病原的时间，如绵羊莫尼茨绦虫的寿命只有 2～6 个月，而绵羊感染该病又有季节性（夏季），因此，绵羊患此病就可能出现间断期。这些生物学特性常常构成该种寄生虫病流行的主要特征。

4. 在外界的生存

寄生虫在什么阶段以何种形式排出宿主体外，在外界环境中生存所需要的条件及耐受性，从发育到感染阶段所需要的时间，在自然界中存活、发育和保持感染能力的期限等内容，均对防制寄生虫病具有重要的参考意义。

5. 中间宿主和传播媒介

许多寄生虫在发育过程中需要中间宿主和传播媒介的参与，因此，除了解它们的分布、密度、习性、栖息地、活动季节性和越冬时间外，还要了解寄生虫幼虫进入中间宿主体内的可能性和在其体内的生长发育规律，以及进入补充宿主或终末宿主的时间和概率等。

6. 寄生虫病的流行过程及其影响因素

寄生虫病的流行过程及其影响因素较为复杂，从流行的程度上可表现为散发、暴发、流行或大流行；从地域上可表现为地方性；从时间上可表现为季节性；从临床症状上可表现为慢性和隐性；从寄生数量上可表现为混合性寄生；从传播上可表现为自然疫源性等。寄生虫病的流行因素主要有自然因素、生物因素和社会因素。

（1）自然因素。自然因素包括气候条件、地理位置、生态环境、生物种群等方面。寄生虫对自然条件适应性的差异决定了不同自然区域所特有的动物寄生虫区系。相对而言，土源性寄生虫其地理分布较广，生物源性寄生虫的地理分布因中间宿主的分布情况而受到严格限制。另外，不同地区的气象因素，包括温度、湿度、氧气、日照、气候变化、风、降水量等，与寄生虫的存活、发育也有密切关系。

（2）生物因素。生物因素，即对寄生虫和宿主的要求，寄生虫病的发生、流行与寄生虫及其发育所需的适宜宿主的存在有着密切的关系。

（3）社会因素。社会因素包括社会经济状况、文化、教育和科学技术水平、法律法规的制定和执行、人民群众生活方式、风俗习惯、饲养管理条件及防制措施等。例如卫生条件差、生活习惯不良、猪散养、喜食生肉等现象，往往导致某些寄生虫病流行，如猪囊虫病、棘球蚴病等。

7. 寄生虫病的流行特征

（1）区域性。动物寄生虫病的发生与流行常具有明显的区域性，即在某一地区经常发生，某种寄生虫的地理分布特征称为寄生虫区系。主要影响因素包括气候、地理条件，中间宿主或媒介节肢动物的地理分布，人类生活习惯和活动，动物种群等。

（2）季节性。寄生虫发育过程中需要节肢动物作为宿主或传播媒介，发生与发展及流行均与节肢动物的出现和消失有关。因此，动物感染某些寄生虫病往往带有明显的季节性，如梨形虫病。

（3）自然疫源性。有的寄生虫病即使没有人类、家畜、家禽及宠物的参与，也可以通过传播媒介感染动物造成流行，并且长期在自然界往复循环。这种流行主要在野生动物种群中，一般会成为保虫宿主，这种地区称为自然疫源地。多数寄生虫病都具有这种特性，称为自然疫源性。在自然疫源地中，保虫宿主在流行病学上起着重要作用，尤其是被忽视而又难以施治的野生动物种群。

2.1.4 寄生虫病的免疫

1. 免疫反应的概念

免疫反应是机体一种保护性的反应，是免疫系统识别异物或发生变性的自身组织并排出，而维持机体生理平衡的过程，又称为免疫应答。寄生虫与宿主的相互应答，对双方有着同等的重要性，寄生虫必须克服宿主的这种反应才能生存。

2. 免疫的类型

（1）先天性免疫。先天性免疫是动物先天建立的防御能力，它受遗传因素控制，具有相对稳定性；对各种寄生虫感染均具有一定程度的抵抗作用，但没有特异性，一般也不强烈。先天性免疫包括皮肤黏膜和胎盘的屏障作用、吞噬细胞的吞噬作用，如中性粒细胞和单核吞噬细胞，后者包括血液中的大单核细胞和各组织中的吞噬细胞。这些细胞的作用，一方面表现为对寄生虫的吞噬、消化、杀伤作用；另一方面，在处理寄生虫抗原过程中参与获得性免疫的致敏阶段。体液因素对寄生虫的杀伤作用，如补体系统因某种原因被活化后，可参与机体的防御功能；动物体血清中高密度脂蛋白对虫体有毒性作用。

（2）获得性免疫。寄生虫侵入宿主后，抗原物质刺激宿主的免疫系统而出现的免疫称为获得性免疫。这种免疫具有特异性，往往只对激发动物产生免疫的同种寄生虫起作用，故又称为特异性免疫。但是，获得性免疫中也有非特异的免疫效应，是一个相互联系、复杂的动态过程。获得性免疫大致可分为以下两种类型。

①消除性免疫。消除性免疫是指宿主能消除体内寄生虫，并对再感染有特异性的抵抗力。例如热带利什曼原虫引起的疖，宿主获得免疫力后，体内原虫完全被清除，临床症状消失，而且对再感染具有长期的、特异的抵抗力。这是寄生虫感染中少见的一种免疫状态。

②非消除性免疫。非消除性免疫是指寄生虫感染后，虽然可以诱导宿主对再感染产生一定程度的抵抗力，但对体内原有的寄生虫不能完全清除，维持在一个较低的感染状态，使宿主免疫力维持在一定水平，临床表现为不完全免疫。一旦用药物清除体内的残余寄生虫后，宿主已获得的免疫力便逐渐消失。例如，人体感染疟原虫后，体内疟原虫未被清除，维持低虫血症，但宿主对同种感染具有一定的抵抗力，称为带虫免疫。又如，血吸虫感染，活的成虫可使宿主产生获得性免疫力，这种免疫力对体内原有的成虫不发生影响，可以存活下去，但对再感染时侵入的幼虫有一定的抵抗力，称为伴随免疫。非消除性免疫与寄生虫的免疫逃避和免疫调节有关。

3. 免疫逃避

在与宿主长期相互适应的过程中，寄生虫能侵入免疫功能正常的宿主体内，并能逃避宿主的免疫效应，从而在宿主体内发育、繁殖和生存，这种现象称为免疫逃避。寄生虫能利用多种复杂的机制在有免疫力的宿主体内增殖，然后长期存活，包括寄生虫表面抗原性的改变，如抗原变异、抗原伪装，也可通过多种破坏机制改变宿主的免疫应答等。

（1）抗原性的改变。寄生虫表面抗原性的改变是逃避免疫效应的基本机制。有些寄生虫在宿主体内寄生时，其表面抗原性发生变异，直接影响免疫识别。例如，非洲锥虫在宿主血液内能有顺序地更换其表面糖蛋白，产生新的变异体，而宿主体内每次产生的抗体，对下一次出现的新变异体无作用，因此，寄生虫可以逃避特异性抗体的作用。这种抗原变异现象也见于恶性疟原虫寄生的红细胞表面。抗原伪装是寄生虫体表结合有宿主的抗原，或者被宿主的抗原包埋，妨碍了宿主免疫系统的识别。例如，曼氏血吸虫肺期幼虫表面结合有宿主的血型抗原（A、B和H）和主要组织相容性复合物（MHC）抗原。这类抗原来自宿主组织而不是由寄生虫合成的，因此，宿主抗体不能与这种幼虫结合，为逃避宿主的免疫攻击创造了条件。

（2）抑制或直接破坏宿主的免疫应答。寄生在宿主体内的寄生虫释放出可溶性抗原，大量存在可以干扰宿主的免疫反应，有利于寄生虫存活下来。表现为：与抗体结合，形成抗原体复合物，抑制宿主的免疫应答。例如，曼氏血吸虫感染者血清中存在循环抗原，可在宿主体内形成可溶性免疫复合物。

4. 寄生虫性变态反应

宿主感染寄生虫以后所产生的免疫反应，一方面可以表现为对再感染的抵抗力，另一方面也可发生对宿主有害的变态反应，又称超敏反应。变态反应是处于免疫状态的机体，当再次接触相应抗原或变应原时出现的异常反应，常导致宿主组织损伤和免疫病理变化。寄生虫感染的变态反应也可分为Ⅰ型、Ⅱ型、Ⅲ型、Ⅳ型，分别称为速发型、细胞毒型、免疫复合物型、迟发型或细胞免疫型。

5. 免疫的实际应用

免疫学诊断是利用寄生虫所产生的抗原与宿主所产生的抗体之间的特异性反应而进行的诊断。由于寄生虫在组织结构和生活史上比其他病原体复杂，致使获得足量的特异性抗原还有困难，加之其功能性抗原的鉴别和批量生产更为不易。因此，寄生虫免疫预防的实际应用虽然取得了一些进展，但也受到了很大的限制。

目前，人们对寄生虫感染免疫预防的主要方法有以下几个。

（1）人工感染。人工感染少量寄生虫，在感染的危险期给予治疗量的抗寄生虫药，刺激机体产生对再感染的抵抗力。但缺点是其宿主处于带虫免疫状态，仍可作为感染来源。

（2）提取物免疫。给宿主人工接种已死亡的整体或颗粒性寄生虫或其粗提物，诱导宿主产生获得性免疫。但其保护力小，有效期较短。

（3）虫苗免疫。虫苗免疫主要包括以下四种。

①基因工程虫苗免疫。基因工程疫苗是利用DNA重组技术，将编码虫体的保护性抗原的基因导入受体菌或细胞，使其在受体菌活细胞中高度表达，而表达产物经纯化复性后，加入或不加入免疫佐剂而制成的疫苗，如鸡球虫疫苗。

②DNA虫苗免疫。DNA疫苗又称核酸疫苗或基因疫苗，是利用DNA重组技术，将编码

虫体的保护性抗原的基因插入到真核表达载体中，利用注射方式直接接种至宿主体内，在其体内表达后，可诱导产生特异性免疫，从而达到预防寄生虫感染的作用，如羊绦虫的 DNA 虫苗免疫。

③致弱虫苗免疫。利用人工致弱寄生虫自然株的方法使其变为弱毒株或无致病力株且保留保护性免疫原性的虫株，用此虫株免疫宿主使其产生免疫力，如鸡球虫弱毒苗、弓形虫、枯氏锥虫、牛羊网尾线虫致弱虫苗等。

④异源性虫苗免疫。利用与强致病力有共同保护性抗原且致病力弱的异源虫株免疫宿主，使机体对强致病力的寄生虫产生免疫保护力，如用血吸虫动物株免疫后便能产生对血吸虫人类株的保护力。

2.2　动物寄生虫病诊断的基本原则

家畜寄生虫病的诊断，不能仅仅依靠临床症状和流行病学调查得出结果，因为大多数寄生虫病为慢性病程，症状常表现为消瘦、贫血、水肿。因此，若要做出正确的诊断，必须以流行病学调查及临床诊断为基础，以检出虫卵、幼虫或成虫等寄生虫的病原体为基本原则。

2.2.1　流行病学调查

流行病学调查可为寄生虫病的诊断提供重要依据。调查时主要从基本情况、被检动物群情况、动物发病情况、动物发病现状、中间宿主和传播媒介以及发病地居民的卫生、饮食习惯等方面入手。基本情况主要包括当地耕地数量及性质、地形地貌、降水量、季节性、野生动物分布情况等；被检动物群概况主要包括被检动物生产性能和饲养管理；动物发病情况主要为近两三年发病率、病死率、发病原因与预后等；动物发病现状是指动物发病时间、死亡时间、已采取的防制措施及效果等。

2.2.2　临诊检查

多数寄生虫病无明显的典型症状，临床常表现为消瘦、贫血、水肿等；少数寄生虫病有典型症状。临诊检查主要是检查动物的营养状况、临诊表现和疾病的危害程度。检查临床症状，基本可以确诊典型症状的疾病，如球虫病、某些梨形虫病、螨病、多头蚴病等；对于某些外寄生虫病可通过发现病原体而建立诊断，如皮蝇幼虫病、各类虱病等；对于非典型症状疾病，获取有关临诊资料可以为下一步采取其他诊断方法提供依据。

寄生虫病的临诊诊断方法与其他诊断方法相同，应该以群体为单位进行大批动物的逐头检查，动物数量过多时，可抽查其中部分动物。在检查中发现可疑病症状或怀疑为某种寄生虫病时，可随时采取相关病料送至实验室检查。

2.2.3　实验室诊断

实验室诊断是动物寄生虫病诊断中可靠常用的手段，可为确诊提供重要的依据，一般在流行病学调查和临诊检查的基础上进行，包括病原学诊断、免疫学诊断等实验室常规检查。

1. 病原学诊断

根据寄生虫生活史的特点，从动物的血液、组织液、排泄物、分泌物或活体组织中检查寄生虫的某一发育期，如虫卵、幼虫、包囊、虫体等，这是最可靠的诊断方法，应广泛用于各种寄生虫病的诊断方面。有时，病原学诊断方法检出率较低，对轻度感染常需反复检查才能进行确诊；对于在组织中或器官内寄生而不易取得材料的寄生虫（如异位寄生），如果其检出效果不理想，则必须应用免疫学诊断方法。

实验动物接种，多用于常规实验室检查法不易检出病原体的某些原虫病。用采自患病动物的病料，对易感实验动物进行人工接种，待寄生虫在其体内大量繁殖后，再对其进行病原体检查，如伊氏锥虫病和弓形虫病等。

2. 免疫学诊断

免疫学诊断是利用寄生虫和机体之间产生抗原 – 抗体的特异性反应，是诊断寄生虫病的有效辅助方法。主要免疫学实验有皮内变态反应（用于诊断反刍动物的棘球蚴、多头蚴、肝片吸虫）、单克隆抗体技术、DNA 探针技术和基因扩增技术等。

2.2.4　寄生虫病学剖检诊断

寄生虫病学剖检是诊断寄生虫病可靠常用的方法，即在剖检时对各个系统、器官、组织仔细检查，以便找到所有的寄生虫。寄生虫病的剖检可用自然死亡的动物、急宰的患病动物及屠宰的动物。由于在病理解剖的基础上进行，故在剖检过程中一定要结合临床症状，组织器官的病理变化及虫体的种类、致病作用和虫体数量等，分析出致病原因及主要寄生虫。

寄生虫病学剖检除用于诊断寄生虫外，还用于寄生虫的区系调查和动物驱虫效果评定。一般多采用全身各器官组织的全面系统检查，有时也根据需要检查一个或若干个器官。

2.2.5　药物诊断

药物诊断是对疑似寄生虫感染的患病动物，用对该寄生虫病的特效驱虫药物进行驱虫或治疗而进行诊断的方法。该方法适用于生前不能用实验室诊断方法进行诊断或者是没有条件进行实验室诊断的寄生虫病。

1. 驱虫诊断

用特效驱虫药对疑似患病动物进行驱虫，收集驱虫后 3 d 内排出的粪便，检查粪便中病原体的种类和数量，以实现确诊的目的。驱虫诊断适用于某些胃肠道寄生虫病，如绦虫病、线虫病等的诊断。

2. 治疗诊断

用特效驱虫药对疑似动物进行治疗，根据治疗效果来进行诊断。治疗效果以死亡停止、病状缓解、全身状态好转以至痊愈等表现评定。治疗诊断多用于原虫病、螨病及组织器官内蠕虫病的诊断。

2.3　寄生虫病的防制措施

影响寄生虫病发生和流行的因素很多，预防和控制寄生虫病要在掌握寄生虫生活史、生态学和流行病学资料的基础上，贯彻以"预防为主、防重于治"的方针，采取相应措施，从而实现预防和控制的目的。

2.3.1　控制和消除感染源

1. 动物驱虫

动物驱虫是综合防制措施的重要环节，不仅可以减少患病动物和带虫动物向外界散播病原体，而且可以治疗患病动物。驱虫药物的选择需遵循高效、广谱、低毒、价廉、使用方便，以及低残留或无残留等原则。

驱虫又可分为治疗性驱虫和预防性驱虫。治疗性驱虫是发现患病动物及时用药物治疗，驱除或杀灭病原体。某些寄生虫病的发生和流行常有一定的规律，按照寄生虫病的流行规律定时投药，称为预防性驱虫。由于经常使用同一种抗寄生虫药物会产生抗药性，因此要有计划地经常更换驱虫药物，做到驱虫应在专门的场所进行、驱虫后的动物要进行一段时间的隔离，直至被驱出的病原物质排完为止。驱虫后排出的粪便须经完全无害化处理，以便杀死病原微生物，防止环境污染。

北方地区多采取一年两次驱虫的防制模式。春季驱虫在放牧前进行，目的在于防止牧场被污染；秋季驱虫在转入舍饲后进行，目的在于将寄生在动物身上的寄生虫驱除，防止其发生寄生虫病及散播病原体。

2. 控制保虫宿主

有些寄生虫病的流行与犬、猫、野生动物和鼠类等保虫宿主关系密切，特别是住肉孢子虫病、弓形虫病、棘球蚴病、细颈囊尾蚴病、旋毛虫病等，其中许多还是重要的人畜共患病。因此，应对犬和猫严加管理，控制饲养数量，对患寄生虫病和带虫的犬和猫定期驱虫，粪便深埋或烧毁。尽可能对野生动物进行驱虫，如在它们活动的场所放置驱虫食饵。鼠在自然疫源地中通常是感染来源，因此，做好灭鼠工作也是非常重要的。

3. 卫生检验

卫生检验对人畜共患病的防制具有重大意义。某些寄生虫可以通过被感染的动物性食品传播给人和动物，如猪带绦虫病、牛带绦虫病、旋毛虫病、弓形虫病、住肉孢子虫病和弓形虫病等；某些寄生虫病如旋毛虫病、棘球蚴病、多头蚴病、细颈囊尾蚴病和豆状囊尾蚴病等通过动物的肉和脏器感染传播给人和动物。因此，要加强卫生检验，实行定点屠宰，按有关规定销毁或无害化处理患病器官，杜绝病原体的扩散。同时，还要加强宣传教育，注意个人卫生，改变不良食肉习惯，以防止人畜共患寄生虫病的发生。

4. 环境除虫

环境除虫是以杀灭散布在外界环境中的虫卵、幼虫或虫体为目的。寄生在动物机体内的寄生虫，在繁殖过程中可随动物粪便把大量的虫卵、幼虫或卵囊排到外界环境中。因此，外界环境除虫的主要内容是及时清除粪便，打扫栏舍，以减少宿主与感染源接触的机会。另外，还要避免粪便对饲料和饮用水的污染和消灭外界环境的病原体，如把粪便集中在固定的场所，利用生物热发酵处理技术，杀灭粪便中的病原体。

2.3.2 切断传播途径

1. 轮牧

人们通常利用寄生虫的某些生物学特性设计轮牧方案。动物放牧时将虫卵、幼虫、卵囊等散布于牧场上，在适宜的温度、湿度下，经一段时间的发育，才会达到感染性阶段。在寄生虫达到感染性阶段之前把易感动物转移到另一处牧场上去，使处于感染性阶段的寄生虫失去了感染动物的可能性，经过一段时间便会自然死亡。有的可能处于休眠状态，生命力保持相当长的时间，长期无感染机会也会死亡，不但使草地得到净化，还可避免动物感染。不同种属的寄生虫在外界发育到感染期的时间不同，转换草地的时间也应不同。不同地区、不同季节对寄生虫发育到感染期的时间影响很大，在制订轮牧计划时均应予以考虑。应根据发育特性有计划地把牧场分区轮牧，如夏季，某些牛、羊消化道线虫的幼虫在牧场上只需要 7 d 左右便发育至感染期，因此，应让牛、羊在第 6 天时离开。

2. 消灭中间宿主和传播媒介

有些寄生虫病在流行过程中，必须有中间宿主或传播媒介参与，对生物源性寄生虫病，消灭中间宿主和传播媒介可以阻止寄生虫的发育，起到消灭感染源和阻断感染途径的双重作用。应消灭的中间宿主和传播媒介，当其经济意义较小或无经济意义时，可利用各种物理方法、化学方法、生物学方法和生物工程方法加以消灭，主要是改造生态环境，使中间宿主和传播媒介失去必需的栖息场所，或者培育出雄性不育节肢动物，从而导致种群数量减少。

2.3.3 提高动物自身抵抗力

1. 科学饲养

动物的营养状况影响着宿主机体的抵抗力，实行科学化养殖，补充全价饲粮能保证机体获得必需的氨基酸、维生素和矿物质等，机体营养状态良好，可获得较强的抵抗力，减少或避免寄生虫病的发生和发展。

2. 卫生管理

大多数寄生虫病是通过被污染的饲料、饮用水和栏舍等传播的，因此，防止饲料被污染、保证饮用水清洁、保持舍内干燥、光线充足和通风良好、保持适宜良好的动物密度、及时清除粪便和垃圾等对防止传播疾病具有重要的意义。禁止在地势低洼、潮湿的地方放牧或收割饲草，必要时，可将饲草进行暴晒后再饲喂；尽量不要饮用不流动的死水；畜舍要建在地势较高和干燥的地方，经常保持畜舍内干燥、通风和光照；动物密度要合理，要及时清除动物粪便及垃圾。

3. 保护幼年动物

幼年动物抵抗力弱容易感染，感染后发病严重，死亡率较高。因此，初生幼畜应及时哺喂初乳，从而获得母源抗体，减少应激反应。动物断奶后应立即分群，将它们安置在经过除虫处理的栏舍或圈舍中。

4. 免疫预防

免疫预防即采用虫苗、基因工程苗等对动物进行接种，使宿主机体内产生特异性抵抗力，以防止寄生虫的感染。寄生虫的免疫预防尚未大面积使用。目前，国内外比较成功地研制出了牛、羊肺线虫，血矛线虫，毛圆线虫，泰勒虫，旋毛虫，犬钩虫，弓形虫，鸡球虫的虫苗和棘球蚴基因工程苗。

本项目主要讲述了流行病学的概念，动物寄生虫病流行的主要内容，以及寄生虫病流行的三个基本环节。尤其重点讲述了寄生虫病的8种主要传播方式。另外，本项目还简单介绍了免疫学的基本概念和类型，以及免疫学在寄生虫病的防制方面的应用。同时，本项目还在流行病学调查的基础上着重强调了诊断寄生虫病的基本原则及防制措施。

知识拓展

免疫学的诞生

法国的巴斯德是微生物学的奠基人，德国的科赫是细菌学的创始人，他们两人及其学生的研究催生了免疫学。巴斯德发明了"巴氏消毒法"，并用减毒的方法制成了巴斯德狂犬疫苗。科赫提出了"科赫假说"。

课 后 思 考

一、选择题

1.切断寄生虫传播途径的方法不包括（　　）。

  A.使用驱虫药　　　　　　　B.控制传播媒介　　　　　　C.圈舍环境消毒

  D.粪便无害化处理　　　　　E.轮流放牧

2.疥螨的感染途径是（　　）。

  A.经空气感染　　　　　　　B.经吸血感染　　　　　　　C.接触感染

  D.经胎盘感染　　　　　　　E.经口感染

3.动物感染寄生虫病后，导致消瘦、营养不良的主要原因是（　　）。

  A.免疫损伤　　　　　　　　B.继发感染　　　　　　　　C.机械性损伤

  D.掠夺宿主营养　　　　　　E.虫体毒素作用

4.确诊寄生虫病最可靠的方法是（　　）。

  A.临床症状观察　　　　　　B.流行病学调查　　　　　　C.病变观察

  D.病原体检查　　　　　　　E.血清学检查

5.在为动物驱虫期间，最合适的粪便处理方法是（　　）。

  A.深埋　　　　　　　　　　B.生物热发酵　　　　　　　C.使用消毒机

  D.直接用作肥料　　　　　　E.直接喂鱼

二、思考题

1.了解寄生虫病发生的三个基本环节对于防制寄生虫病有什么作用？

2.谈谈你所了解的防制寄生虫病可以运用的免疫学方法。

各　论

项目3　吸虫病

【学习目标】

1. 掌握常见吸虫的一般形态结构、生活史和分类。
2. 掌握常见吸虫虫卵的特征。
3. 基本识别常见吸虫的中间宿主及补充宿主。
4. 基本掌握吸虫病虫卵粪便检查方法。
5. 培养学生的思考能力和动手能力。

【学习重难点】

1. 不同吸虫形态结构的区别。
2. 不同吸虫虫卵形态结构的鉴别。
3. 吸虫病的诊断及防制。

 案例导入

七律二首·送瘟神
毛泽东
其一

绿水青山枉自多，华佗无奈小虫何！
千村薜荔人遗矢，万户萧疏鬼唱歌。
坐地日行八万里，巡天遥看一千河。
牛郎欲问瘟神事，一样悲欢逐逝波。

其二

春风杨柳万千条，六亿神州尽舜尧。
红雨随心翻作浪，青山着意化为桥。
天连五岭银锄落，地动三河铁臂摇。
借问瘟君欲何往，纸船明烛照天烧。

　　你知道这首诗当中的"瘟神"和"小虫"指的是什么吗？它又是怎样"千村薜荔人遗矢""一样悲欢逐逝波"？学习完本项目内容，相信大家会有更加全面的了解。

3.1 吸虫概述

3.1.1 吸虫的形态结构

（1）形态。虫体多呈背腹扁平的叶状，少数为线状或圆柱状。大小不一，长度多为 0.3～75 mm。体表光滑或有小刺、小棘等。虫体前端，围绕口孔处有一口吸盘；腹面有腹吸盘，有的位于虫体后端，称为后吸盘，个别虫体只有一个吸盘。

（2）体壁。吸虫无表皮，体壁由皮层和肌层构成皮肌囊。无体腔，皮肤肌肉囊内包裹着内部柔软的组织，内脏器官都埋在柔软组织中。皮层从外向内包括 3 层：外质膜、基质和基质膜。外质膜的外面被有颗粒层外衣，主要成分为酸性黏多糖或糖蛋白，主要有抗宿主消化酶和保护虫体的作用。基质内含有线粒体、分泌小体和感觉器。皮层可以进行氧气和二氧化碳的交换，并具有吸收、分泌与排泄的功能。肌层由外环肌、内纵肌和中斜肌组成，是帮助虫体进行伸缩活动的组织。

（3）消化系统。消化系统包括口、前咽、咽、食道和肠管。口除少数在腹面外，通常位于虫体前端，由口吸盘围绕。有些虫体有咽，有些没有咽，咽一般位于口下方，呈球形；咽后接食道，下分两条肠管，位于虫体两侧，向后延伸至虫体后部，其末端封闭称为盲肠。无肛门，肠内废物经口排出体外。

（4）排泄系统。排泄系统由焰细胞、毛细管、集合管、排泄总管、排泄囊、排泄孔等部分组成。焰细胞收集排泄物，经毛细管、集合管集中到排泄囊，由末端的排泄孔排出体外。成虫排泄孔只有一个，位于虫体末端。焰细胞的数目与排列方式在幼虫的分类上具有重要意义。

（5）神经系统。在咽的两侧各有一个由横索相连的神经节，相当于神经中枢。从两个神经节向前后各发出 3 对神经干，分布于虫体背腹和两侧。由神经干发出的神经末梢分布到口、腹吸盘和咽等器官。有些吸虫的毛蚴和尾蚴常具眼点，具有感觉器官的功能。

（6）生殖系统。生殖系统发达，除分体科吸虫外，均为雌雄同体。雄性生殖器官包括睾丸、输出管、输精管、贮精囊、射精管、雄茎囊、雄茎和前列腺和生殖孔等。一般有两个睾丸，各有一条输出管，合并为一条输精管。输精管远端膨大为贮精囊，其末端为雄茎。贮精囊和雄茎之间有前列腺。贮精囊、前列腺和雄茎由雄茎囊包围，雄茎开口于生殖孔，可伸出体外与雌性生殖器官进行交配。雌性生殖系统包括卵巢、输卵管、受精囊、卵模、梅氏腺、卵黄腺和子宫等。卵巢一个，经输卵管与受精囊相接，在此汇合处有一个小管（称为劳氏管），开口于虫体的背面，有时起阴道的作用。输卵管还与卵黄管相通。卵黄腺多在虫体的两侧，由左右两条卵黄管合为卵黄总管，其膨大部为卵黄囊。卵黄总管与输卵管汇合后的囊腔为卵模，其周围的腺体为梅氏腺。卵由卵巢排出后，与受精囊的精子结合而受精，由卵黄腺分泌的卵黄颗粒，经卵黄管进入卵模；梅氏腺的分泌物与卵黄颗粒凝聚在卵模中，共同形成卵壳。虫卵由卵模进入与此相连的子宫，成熟的虫卵通过子宫末端的生殖孔排出体外。吸虫无阴道，子宫末端的子宫颈具有阴道的作用（图 3-1）。

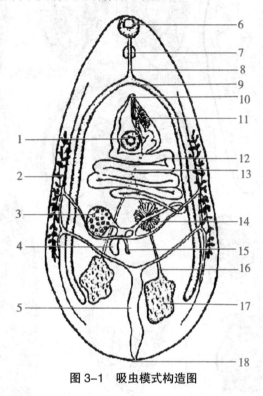

图 3-1　吸虫模式构造图

1—腹吸盘；2—卵黄腺；3—卵巢；4—受精囊；5—排泄囊；6—口吸盘；7—咽；8—食管；
9—肠管；10—生殖孔；11—雄茎囊；12—子宫；13—输精管；14—梅氏腺；15—劳氏管；
16—输出管；17—睾丸；18—排泄孔

3.1.2　吸虫的生活史

吸虫的发育过程比较复杂，整个过程都需要中间宿主，有的还需要补充宿主。中间宿主多为淡水螺或陆地螺；补充宿主多为鱼、蛙或昆虫等。发育过程经虫卵、毛蚴、胞蚴、雷蚴、尾蚴、囊蚴和成虫各期。

（1）虫卵。虫卵多呈椭圆形或卵圆形，除分体吸虫外都有卵盖，颜色为灰白色、淡黄色、棕色。虫卵在子宫内成熟后排出体外。有些虫卵在排出时只含有胚细胞和卵黄细胞，有的已有毛蚴。其中大部分虫卵需在宿主体外孵化。

（2）毛蚴。毛蚴外形似等边三角形，外被有纤毛，不食但运动活泼。前部宽，有头腺。消化道、神经和排泄系统开始分化。当卵在水中发育时，毛蚴从卵盖破壳而出，无卵盖的则破壳而出。遇到适宜的中间宿主，即利用其头腺钻入中间宿主体内（螺），脱去纤毛，发育为胞蚴（图 3-2）。

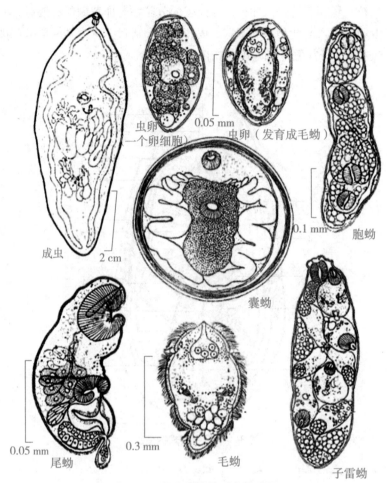

虫卵
（一个卵细胞）

0.05 mm

虫卵（发育成毛蚴）

胞蚴

0.1 mm

成虫

2 cm

囊蚴

0.05 mm

尾蚴

0.3 mm

毛蚴

子雷蚴

图 3-2　吸虫各期幼形态模式图

（3）胞蚴。胞蚴呈包囊状，两端圆，内含胚细胞、胚团及简单的排泄器。发育成熟的胞蚴体内常含有雷蚴。营无性繁殖在体内生成雷蚴，一个胞蚴通常能发育形成多个雷蚴。

（4）雷蚴。雷蚴呈包囊状，有咽和盲肠，还有胚细胞和排泄器，营无性繁殖。有的吸虫只有一代雷蚴，而有的则有母雷蚴和子雷蚴两期。雷蚴发育成为尾蚴，成熟后逸出螺体，游于水中。

（5）尾蚴。尾蚴由体部和尾部构成，体表有棘。有吸盘 1～2 个，除原始的生殖器官外，其他器官均开始分化，尾蚴从螺体逸出，在某些物体上形成囊蚴或直接经皮肤钻入宿主体内，脱去尾部，移行到寄生部位发育为成虫。有些吸虫尾蚴需进入补充宿主体内发育为囊蚴，囊蚴再感染终末宿主。

（6）囊蚴。囊蚴由尾蚴脱去尾部，形成包囊后发育而成，呈圆形或卵圆形。生殖系统有的只有简单的生殖原基细胞，有的则有完整的生殖器官。囊蚴通过其附着物或补充宿主进入终末宿主的消化道内，囊壁被消化液溶解，幼虫破囊而出，经移行到达寄生部位发育为成虫。

3.1.3 吸虫的分类

吸虫属于扁形动物门、吸虫纲，纲下分为三个目，分别为单殖目、盾腹目、复殖目。与动物医学相关的是复殖目的虫体。其重要科和属有以下几种。

1. 片形科片形属

大型虫体，体扁平呈叶状，体表有皮棘。口、腹吸盘紧靠，有咽，食道短。卵巢分枝，位于睾丸之前。子宫位于虫体前端。睾丸前后排列，分叶或分枝。生殖孔居体中线上，开口于腹吸盘前。卵黄腺位于体两侧，延伸至体中央至尾部。缺受精囊。

2. 歧腔科歧腔属

中、小型虫体，体细长。扁平，半透明。两个吸盘接近。有咽和食道，肠支简单。排泄囊简单，呈管状。睾丸呈圆形或椭圆形，并列、斜列或前后排列，位于腹吸盘后。卵巢圆形，位于睾丸后方。雄茎囊发达，位于腹吸盘之前。生殖孔居中位，开口于腹吸盘前。卵黄腺位于肠管中部两侧。子宫由许多上、下行的子宫圈组成，内含大量小型、深褐色的卵。

3. 同盘科同盘属

虫体肥厚，呈圆锥形、梨形或圆柱状。活体为乳白色、粉红色或深红色。体表光滑。有或无口吸盘，腹吸盘发达，在虫体后端。睾丸前后或斜列于虫体中部或后部。生殖孔在体前部。

4. 前殖科前殖属

小型虫体，前段稍尖，后端稍圆。口吸盘和咽发育良好，有食道，肠支简单。腹吸盘位于体前半部，睾丸对称，在腹吸盘之后。卵巢位于睾丸之间的前方，生殖孔在口吸盘附近。卵黄腺呈葡萄状，位于体两侧。

5. 后睾科支睾属

中、小型吸虫，虫体扁平，前端较窄，透明。口、腹吸盘不发达，相距较近，有咽和食道，肠支抵达虫体后端。睾丸前后或斜列于虫体后部。卵巢一般在睾丸之前，卵黄腺位于体两侧。

6. 分体科

雌雄异体，雌虫较雄虫细，被雄虫抱在"抱雌沟"内。口腹吸盘不发达。缺咽。2 支肠管在虫体后部联合成单管，抵达体后端。生殖孔开口于腹吸盘之后。睾丸形成 4 个或 4 个以上的叶，居于肠联合之前或之后。有的睾丸数量很多，呈颗粒状，卵巢在肠联合处之前。卵黄腺占据卵巢后部，虫卵壳薄，无卵盖。

3.2 片形吸虫病

片形吸虫病是由片形科片形属吸虫寄生于反刍动物肝胆管引起的疾病。其主要特征为区域性流行，多为慢性经过，动物主要表现出消瘦、发育障碍、生产力下降，急性感染时引起急性肝炎和胆管炎，并伴发全身性中毒，出现营养障碍。

1. 病原体

肝片吸虫［图3-3（a）］，背腹扁平，外观呈叶片状，活时呈棕红色，固定后呈灰白色。虫体大小为（21～41）mm×（9～14）mm。虫体前端呈圆锥状突起，称为头锥。头锥后方变宽，呈肩样，肩部以后逐渐变窄。体表被有许多小刺。口吸盘位于头锥的前端，口吸盘稍后方为腹吸盘。在口、腹吸盘之间有生殖孔。

消化系统由口吸盘底部的口孔开始，下为咽，食道短，两条肠管左右分开，肠管上有许多特别发达的外侧的分枝。

生殖系统极为发达，雌雄同体。雄性生殖器官包括两个分支的睾丸，前后纵列于虫体的中后部，每个睾丸各有一个输出管，两条输出管上行汇合成一条输精管，通到贮精囊，再由贮精囊通到射精管，其末端为雄茎。在贮精囊、射精管和雄茎外包有雄茎囊。在贮精囊与雄茎之间有前列腺。雌性生殖器官包括鹿角状分枝的卵巢，位于腹吸盘后方的右侧。卵模位于紧靠睾丸前方的虫体中央。在卵模与腹吸盘之间为盘曲的子宫，内充满褐色的虫卵。子宫与卵模相通，卵模外包有梅氏腺。卵黄腺分布于虫体两侧，由许多褐色小滤泡组成，左右两条卵黄管汇合为一条卵黄总管通入卵模。无受精囊。体后端中央处有纵行的排泄囊和末端的排泄孔。

虫卵［图3-3（b）］较大，呈长卵圆形，黄褐色或金黄色。前端较窄，有一个不明显的卵盖，后端较钝。卵壳较薄而光滑，半透明，分两层，卵内充满着卵黄细胞和一个大的胚细胞。虫卵大小为（133～157）μm×（74～91）μm。

大片形吸虫［图3-3（c）］：形态与片形吸虫基本相似，虫体呈长叶状，大小为（25～75）mm×（5～12）mm。虫体"肩部"不明显，虫体的两侧比较平行，前后的宽度变化较小，虫体后端钝圆。腹吸盘较大。肠管的内侧分枝比较多，并有明显的小枝。虫卵呈黄褐色，长卵圆形，大小为（150～190）μm×（75～90）μm。

（a）　　（b）　　（c）

图 3-3　片形吸虫

（a）肝片吸虫；（b）虫卵；（c）大片形吸虫

2. 流行病学

（1）感染源。患病动物和带虫动物不断向外界排出大量虫卵，污染环境，是本病最主要的感染源。

（2）繁殖力。片形吸虫的繁殖力较强，一条成虫每昼夜可产 8 000～13 000 个虫卵。幼虫在中间宿主体内无性繁殖，一个毛蚴可发育为数十至数百个尾蚴。

（3）抵抗力。虫卵在 13 ℃时即可发育，25～30 ℃时最合适。虫卵对高温和干燥敏感，40～50 ℃时几分钟内死亡，完全干燥的环境中迅速死亡。在潮湿无光照的粪堆中可存活 8 个月以上。对低温的抵抗力较强，但结冰后很快死亡。毛蚴的孵化与光线、温度、水的新鲜度有关，含毛蚴的卵在低温 14 ℃时不能孵化。囊蚴抵抗力更强，在潮湿环境中可活 3～5 个月，在干草上可活 1～1.5 个月。对低温有一定的抵抗力，–1 ℃时 24 h 仍有活力，但对于干燥和阳光直射比较敏感。

（4）地理分布。片形吸虫病的流行与地区的温度、水和淡水螺的存在有密切关系。肝片吸虫病在我国普遍发生，而大片形吸虫病主要见于南方。该病多发生于地势低洼的牧场、稻田地区和江河流经区域等。

（5）季节动态。终末宿主感染多在夏秋季节，主要与片形吸虫在外界发育所需要的条件和时间、螺的生活规律以及降雨和气温等因素有关。此外，尾蚴逸出螺体与外界环境温度有密切关系，如外界温度为 9 ℃时一般不能从螺体内逸出。新鲜雨水可刺激尾蚴从螺体内钻出，因此在多雨或久旱逢雨的温暖季节多发生本病的流行。感染季节决定了发病季节，幼虫引起的疾病多在秋末冬初，成虫引起的疾病多见于冬末和春季。

3. 生活史

中间宿主为椎实螺科的淡水螺，肝片吸虫主要是小土蜗螺和斯氏萝卜螺；大片形吸虫主要是耳萝卜螺。

终末宿主，肝片吸虫主要是牛、羊、骆驼等反刍动物，有时猪、马、人和大象等也会感染；大片形吸虫主要是牛。

成虫寄生于终末宿主肝胆管内产卵，产出的虫卵随胆汁入肠腔，再随粪便排到体外。虫卵在适宜的温度（25～30 ℃）、氧气、水分和光线条件下，经 10～25 d 孵出毛蚴。毛蚴游于水中，遇到中间宿主即钻入其体内，在 35～50 d 内经胞蚴、雷蚴（无性繁殖阶段），发育为尾蚴。尾蚴离开螺体，在水面或植物叶上短时间内可发育成囊蚴，终末宿主吞食囊蚴而感染。当条件不适宜时，则雷蚴发育为子雷蚴，也可延长在螺体内的发育时间。

囊蚴进入终末宿主肠道，有以下几种途径进入肝：从胆管开口钻入肝；进入肠壁血管，随血流入肝；穿过肠壁进入腹腔，再从肝表面钻入肝。最后一个途径为多数虫体到达肝的途径。到达肝后，穿破肝实质，进入肝胆管发育为成虫。从感染到发育为成虫需 2～4 个月，成虫可在终末宿主体内存活 3～5 年（图3-4）。

4. 致病作用

幼虫在终末宿主体内移行时，可机械地损伤和破坏肠壁、肝包膜、肝实质和微血管，从而导致炎症和出血。加之毒性物质、代谢产物和带入细菌的作用，引起急性肝炎、腹膜炎和内出血，这是动物患本病死亡的主要原因。虫体进入胆管后，造成慢性肝炎，小叶间结缔组织增生，致使发生肝硬化。分解产物吸收入血，引起全身中毒，血管壁通透性增强，血液成分外渗而发生水肿。虫体吸食宿主血液，其分泌物造成溶血并可影响红细胞生成而造成机体贫血。虫体多时引起胆管扩张、增厚、变粗，甚至阻塞，由于胆管内壁盐类沉积，造成胆汁流出不畅而发生黄疸和消化障碍，虫体代谢产物可扰乱中枢神经系统，使宿主体温升高。

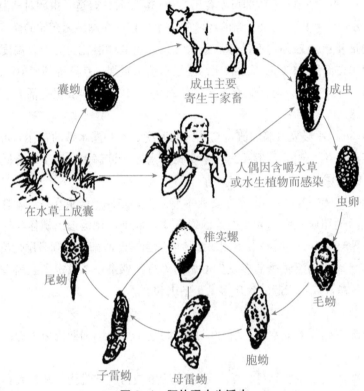

图3-4　肝片吸虫生活史

5. 临床症状

临床症状主要取决于感染虫体的数量、机体的抵抗能力、营养状况和饲养管理条件等。根据病期一般可分为急性型和慢性型。其中，绵羊最敏感，易发生此病。

（1）急性型。急性型是由幼虫引起，在吞食大量囊蚴后2～6周发病，多见于绵羊和犊牛。常因在短时间内受严重感染所致，多发生于夏末、秋季和冬初。病初表现体温升高，精神沉郁，食欲减退或不食，衰弱易疲劳，迅速发生贫血。眼结膜由潮红黄染逐渐转为苍白黄染。肝区叩诊范围扩大，触压和叩打有痛感，红细胞数量和血红蛋白数量显著降低。重者在几天内死亡或转为慢性型。

（2）慢性型。慢性型是由成虫引起，在吞食囊蚴后4～5个月发病，多发生于初春。病畜表现出消瘦、贫血和低蛋白血症，黏膜苍白、被毛粗乱，易脱落。眼睑、下颌及胸下水肿，早晚明显，运动后可减轻或消失。病牛一般呈现营养障碍、食欲减退、反刍异常、周期性瘤胃臌气和前胃弛缓，腹泻或腹泻与便秘交替发生。患病妊娠羊易流产，乳牛产乳量降

低，重者因恶病质死亡。此类型较为多见。

6. 病理变化

急性型：肝肿大，包膜有纤维素性沉积，有时可见有虫道。慢性型：主要表现为增生性肝炎，小叶间结缔组织增生，胆管扩张、增厚、变粗，甚至阻塞，胆管内壁盐类沉积，粗糙而坚实。胆管切开后也可见成虫或幼虫。

7. 诊断

根据临床症状、流行病学、粪便检查和剖检等综合判定。

粪便检查用沉淀法或尼龙筛淘洗法，适用于慢性病例。可在粪便中发现大量的金黄色虫卵，剖检可在肝胆管内检出大量成虫，即可确诊。

急性病例检不出虫卵，可用皮内变态反应、间接血凝试验或酶联免疫吸附试验等免疫学方法进行诊断。剖检急性病例可见肝肿大、充血、易碎、出血，切开肝挤压切面流出污黄色黏稠的液体，可在腹腔和肝实质发现大量的幼虫，此时即可确诊。

8. 治疗

可选用以下药物进行治疗：

（1）丙硫咪唑（抗蠕敏）。牛 20 ～ 30 mg/kg，一次口服，或 10 mg/kg 经瓣胃给药。绵羊 10 ～ 15 mg/kg，一次口服，对成虫有效，对幼虫有一定的疗效。

（2）硝氯酚（拜耳9015）。牛3～4 mg/kg，绵羊4～5 mg/kg，一次口服。针剂可按牛0.5～1.0 mg/kg，绵羊 0.75 mg/kg，深部肌肉注射。适用于慢性病例，对幼虫无效。

（3）溴酚磷（蛭得净）。牛、羊 12 mg/kg，一次口服，对成虫和幼虫均有效。

（4）三氯苯唑（肝蛭净）。牛 6 ～ 12 mg/kg，羊 5 ～ 10 mg/kg，一次口服，对成虫和幼虫均有效，对急性病例用药时过 5 周再用药一次，本药不能用于泌乳期动物，且为了扩大抗虫谱，可与左旋咪唑联合应用。

9. 防制

根据流行病学特点，采取综合性防制措施。

（1）定期驱虫。驱虫的时间和次数可根据流行区的具体情况而定。在我国北方地区每年冬、春季各驱虫一次，南方地区每年可进行三次驱虫，第一次在感染高峰后的 2 ～ 3 个月进行成虫期前驱虫，以后每隔 3 个月进行第二、三次成虫期驱虫。青海可于 3 ～ 4 月和 11 ～ 12 月进行两次驱虫。急性病例可随时驱虫，流行严重地区要注意对同一牧场的动物进行同时驱虫，驱虫后的粪便进行生物热发酵处理。废弃的患病动物肝要进行无害化处理。

（2）科学放牧。应尽量选择干燥地区放牧。在感染季节放牧时，每经 1.5 ～ 2 个月轮换草地。

（3）饲养卫生。避免饮用地表非流动水，在湿洼地收割的牧草，晒干后存放 2 ～ 3 个月再利用，并保持水源的清洁，以避免感染。

（4）消灭中间宿主。根据各地具体情况采取不同的方法。化学方法，一般采用硫酸铜溶液喷雾低湿放牧地，灭螺效果良好，2 ～ 3 个月后重复一次。物理方法，如排水、改渠、翻耕、土埋等，可结合草原或农田基本建设进行灭螺。生物学方法，如可饲养鹅、鸭及保护野生水禽等来消灭螺。

3.3　歧腔吸虫病

歧腔吸虫病，是由歧腔科歧腔属的吸虫寄生于反刍动物等的胆管和胆囊内引起的疾病。本病在我国分布很广，特别是在西北地区及内蒙古牧区流行比较广泛，感染率和感染强度远比片形吸虫高，对养羊业造成很大的危害。虫体寄生在牛、羊、猪、犬、猫等动物的胆囊中，人也可被感染。

1. 病原体

常见的歧腔吸虫有矛形歧腔吸虫和中华歧腔吸虫。

（1）矛形歧腔吸虫 [图 3-5（a）]。虫体狭长呈矛形，新鲜虫体为棕红色，体表光滑，薄而半透明状，前端较尖，体后部稍宽，大小为（6.67～8.34）mm×（1.6～2.14）mm，腹吸盘大于口吸盘，口吸盘位于前端，腹吸盘于体前 1/5 处，两睾丸前后排列或斜列于腹吸盘后方，雄茎囊位于肠分叉与吸盘之间，内含贮精囊、前列腺和雄茎。生殖口开口于肠分叉处。卵巢呈圆形或不规则形，在睾丸之后。具有受精囊和劳氏管。卵黄腺位于虫体中部，呈小颗粒状。两侧子宫弯曲，充满虫体的后半部，内含大量虫卵。虫卵似卵圆形，黄褐色，一端有卵盖，左右不对称，内含毛蚴。虫卵大小为（34～44）μm×（29～33）μm。

（2）中华歧腔吸虫 [图 3-5（b）]。与矛形歧腔吸虫相似，但虫体较宽扁，腹吸盘前方体部呈头锥形，其后两侧较宽，呈肩样突起。虫体大小为（3.54～8.96）mm×（2.03～3.09）mm。两个睾丸呈圆形，边缘不整齐或稍有分叶，并列于腹吸盘之后。这是与矛形歧腔吸虫形态上最明显的区别。卵巢在睾丸之后略靠体中线。虫卵似卵圆形，黄褐色，具卵盖，大小为（45～51）μm×（30～33）μm。

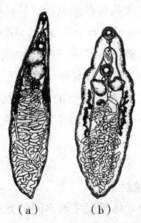

（a）　　（b）

图 3-5　歧腔吸虫的成虫

（a）矛形歧腔吸虫；（b）中华歧腔吸虫

2. 流行病学

（1）虫卵的抵抗力。虫卵对外界环境的抵抗力较强，在土壤和粪便中可存活数月之后还具有感染能力，对低温的抵抗力更强。虫卵及中间宿主、补充宿主体内的各期幼虫均可越冬，且不丧失感染能力。

（2）地理分布。本病多呈地方性流行，我国大部分省区均有发生。尤以西北地区和内蒙古较为严重。

（3）季节动态。在温暖潮湿的南方地区，中间宿主蜗牛和补充宿主蚂蚁可全年活动，因此动物几乎全年都可感染；而在寒冷干燥的北方地区，由于中间宿主的冬眠，动物的感染具有明显的春、秋两季特点，动物发病多在冬、春季。

（4）感染强度。感染率和感染强度随着动物年龄的增加也逐渐增加。由于动物对其获得性免疫力较差，感染的虫体可达千条，甚至上万条。

3. 生活史

歧腔吸虫在发育过程中需要有两个中间宿主。

（1）中间宿主。陆地螺，主要为条纹蜗牛。

（2）补充宿主。蚂蚁。

（3）终末宿主。主要为牛、羊、鹿和骆驼等反刍动物。

虫卵随终末宿主粪便排出体外，被中间宿主陆地螺吞食后，在其体内孵出毛蚴，然后发育为母胞蚴、子胞蚴和尾蚴。在陆地螺体内的发育期为 82～150 d。尾蚴从子胞蚴的产孔逸出后，移行至螺的呼吸腔，每数十至数百个尾蚴集中在一起形成尾蚴群囊，外被有黏性物质成为黏球，从螺的呼吸腔排出粘在植物或其他物体上。当含尾蚴的黏球被补充宿主蚂蚁吞食后，尾蚴在其体内形成囊蚴（感染性阶段），牛、羊等吃草时吞食了含囊蚴的蚂蚁而感染。囊蚴在终末宿主的肠内脱囊，由十二指肠经胆总管到达肝胆管和胆囊内寄生，需 72～85 d 才发育为成虫。成虫在宿主体内可存活 6 年以上。

4. 临床症状

轻度感染时症状多不明显，严重感染时尤其在早春症状明显。一般表现为可视黏膜轻度黄染，消化紊乱，腹泻与便秘交替，逐渐消瘦、贫血及颌下水肿、毛干易断，可引起死亡。

5. 病理变化

主要为胆管卡他性炎症和胆管壁增厚，胆管周围结缔组织增生。肝脏表面粗糙、变硬、肿大、胆管扩张。

6 诊断

根据流行病学，多发生在地势低洼和潮湿草地放牧的牛羊。结合临床症状、粪便检查发现大量的虫卵或死后剖检发现虫体即可确诊。

7. 治疗

可选用以下药物进行治疗：

（1）三氯苯丙酰嗪（海涛林）。绵羊 40～50 mg/kg，牛 30～60 mg/kg，配成 2% 的悬混液，经口一次灌服。

（2）六氯对二甲苯（血防846）。牛、羊200～300 mg/kg，一次口服，连用两次，驱虫率可达100%。

（3）吡喹酮。绵羊50～70 mg/kg，一次口服，疗效可达96%～100%；油剂腹腔注射，剂量为绵羊50 mg/kg，牛35～45 mg/kg，疗效均在99%以上。

（4）丙硫咪唑。绵羊30～50 mg/kg，牛10～15 mg/kg，配制成5%的悬混液，经口一次灌服。

8. 防制

每年定期驱虫，每年的秋末和冬季进行两次驱虫，以防虫卵污染草原，粪便发酵处理，避免在潮湿和低洼的牧地上放牧，保持饲草及饮用水卫生，积极消灭中间宿主和补充宿主。

3.4　东毕吸虫病

东毕吸虫病是由分体科东毕属的吸虫寄生于动物肠系膜静脉和门静脉血管中引起的疾病。主要感染牛、羊、鹿、骆驼等反刍动物，其次是马、驴等单蹄动物。人患此病的原因是尾蚴侵入皮肤而引起皮炎，故称为稻田皮炎、游泳皮炎或尾蚴性皮炎。

1. 病原体

病原体种类较多，我国常见的种类有土耳其斯坦东毕吸虫、程氏东毕吸虫、彭氏东毕吸虫、土耳其斯坦结节变种东毕吸虫四种。其中，土耳其斯坦东毕吸虫较为常见。

土耳其斯坦东毕吸虫（图3-6）：虫体呈线状，C形弯曲，雌雄异体，雄虫大小为（4.39～4.56）mm×（0.36～0.42）mm。体型短而粗，前端扁平，从腹吸盘开始到尾根形成抱雌沟，雌雄虫体经常呈抱合状态，雄虫乳白色，生殖孔开口在腹吸盘的后方。雌虫大小为（3.95～5.73）mm×（0.07～0.116）mm，暗褐色，体表光滑，圆柱状、细长。虫卵无卵盖，大小为（72～74）μm×（22～26）μm，两端均有附属物，一端较尖，另一端较钝。

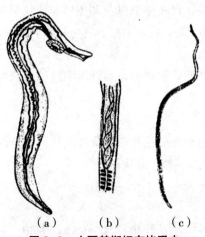

（a）　　　　（b）　　　　（c）

图 3-6　土耳其斯坦东毕吸虫

（a）雄虫；（b）雌虫的卵巢；（c）雌虫

2. 流行病学

（1）地理分布。虫体多分布于地势低洼、江河沿岸、水稻种植区等水源较丰富的地区，呈地方性流行。在青海和内蒙古的个别地区十分严重。

（2）感染强度。动物感染高达 1 万～2 万条，可引起羊只死亡。

（3）季节动态与年龄特点。一般在 5～10 月感染和流行。北方地区多在 6～9 月。牛、羊在放牧时，在水中吃草或饮用水时经皮肤感染。急性病例多见于夏、秋季，慢性病例多见于冬、春季。成年牛、羊的感染率高于幼龄牛羊，黄牛和羊的感染率高于水牛。

3. 生活史

（1）中间宿主：主要为椎实螺类，主要有耳萝卜螺、卵萝卜螺、小土窝螺等。

（2）终末宿主：主要为牛、羊、骆驼，还有马属动物及一些野生动物。

雌虫寄生于牛、羊等终末宿主的肠系膜静脉及门静脉中的末梢部位产卵，虫卵从肠壁黏膜下末梢血管落入肠腔，虫卵随粪便排出，虫卵在适宜的条件下，经 10 d 左右孵出毛蚴。毛蚴在水中遇到中间宿主椎实螺类，迅速钻入其体内，经过母胞蚴、子胞蚴发育至尾蚴，毛蚴侵入螺体发育至尾蚴约需 1 个月。尾蚴自螺体逸出，在水中遇到牛、羊直接经皮肤侵入，移行至肠系膜血管内发育为成虫。在终末宿主体内发育为成虫需 2～3 个月。

4. 临床症状

多为慢性经过。患畜表现为精神不振、贫血、黄疸、消瘦、发育不良、下颌及胸腹下水肿，长期腹泻，粪便中混有黏液、黏膜和血丝。病的后期骨瘦如柴，因恶病质而死亡。可以使幼牛和羔羊发育不良，妊娠牛易流产。

人主要与污染的水接触而感染，感染后几小时，皮肤出现米粒大红色丘疹，1～2 d 内发展成绿豆大，周围有红晕及水肿，有时可连成风疹团，剧痒。挠痒破溃后继发感染。

5. 病理变化

尸体消瘦，贫血，腹腔内有大量积水，肠系膜淋巴结水肿。肝病变明显，表面凹凸不平，上有大小不等散在的灰白色虫卵结节，质硬。肝初期肿大，后期萎缩、硬化。小肠壁肥厚，黏膜上有出血点或坏死灶。肠壁血管、肠系膜静脉及门静脉中可发现虫体，绵羊可达上万条，牛可达数万条之多。

6. 诊断

根据流行病学、致病作用、临床症状及粪便检查确诊。粪便检查用毛蚴孵化法。因东毕吸虫排卵数少，在粪检时应采集较多的粪便。必要时可进行尸检，若在肠系膜静脉内或肝内发现大量虫体即可确诊。

7. 治疗

可选用以下药物进行治疗：

（1）硝硫氰胺。绵羊 50 mg/kg，一次口服；牛 20 mg/kg，连用 3 d 为一疗程；也可用 2%混悬液静脉注射，绵羊 2～3 mg/kg，牛 1.5～2 mg/kg；另外，用剂量为 15 mg/kg 配成 10%的悬混液经瓣胃给药，对牛、羊均有较好的疗效。

（2）六氯对二甲苯。绵羊 100 mg/kg，一次口服；牛 350 mg/kg，一次口服，连用 3 d。

（3）吡喹酮。牛、羊 30 ～ 40 mg/kg，一次口服，每天一次，2 d 为一疗程。

8. 防制

（1）消除感染源。在流行区每年对人、畜进行普查，对病人、病畜及带虫者进行治疗，消除感染源。

（2）粪便处理。人畜粪便经生物热发酵处理后再作肥料。

（3）饮用水卫生。保持饮用水清洁，防止被污染；不饮地表水，必须饮用时，须加入漂白粉，杀死尾蚴后方可饮用。

（4）牛群管理。避免在有淡水螺滋生地放牧；禁止病牛调动；老龄及病情较重的牛应淘汰更新。

（5）消灭中间宿主。可采用物理、化学和生物等方法灭螺。化学灭螺常用药物可选用五氯酚钠、氯硝柳胺、生石灰及溴乙酰胺等。

3.5　前后盘吸虫病

前后盘吸虫病，又称为同盘吸虫病，是由前后盘科、腹袋科各属的各种吸虫寄生于牛羊等反刍动物的瘤胃绒毛间引起的疾病。也有见寄生于单蹄动物，猪、犬的消化系统的。

1. 病原体

同盘吸虫（图 3-7）中最常见的有鹿同盘吸虫和长菲策吸虫。

（1）鹿同盘吸虫。属同盘科、同盘属。虫体粉红色，形似"鸭梨"。长 12 ～ 22 mm，口吸盘位于虫体前端，腹吸盘位于虫体后端，大小约为口吸盘的 2 倍。没有咽。肠支长，经 3 ～ 4 个弯曲到达虫体后端，分布于两侧。睾丸两个，呈椭圆形，前后排列于中部。卵巢呈圆形，位于睾丸后方。生殖孔开口于肠支分处后方。子宫从睾丸后缘经多个弯曲延伸至生殖孔。卵黄腺发达，呈滤泡状，分布于两侧，与肠支重叠。虫卵呈椭圆形，浅灰色，卵壳薄而光滑。卵盖明显，卵黄细胞不充满整个虫卵，常偏于一端。

图 3-7　同盘吸虫

（2）长菲策吸虫。属腹袋科、菲策属。呈深红色，圆柱形。长 12 ～ 22 mm，有腹袋，由口吸盘前，止于睾丸边缘，前窄后宽。睾丸边缘有 3 ～ 4 瓣。前后排列于体后。卵巢位于两睾丸之间。卵黄腺呈滤泡状，分布于虫体两侧。虫卵形态同鹿同盘吸虫虫卵，褐色。

2. 流行病学

本病广泛流行，多见于江河流域及低洼潮湿等水源丰富的地区，也多发于多雨年份在夏秋季滩地放牧的畜群，南方可常年感染，北方主要在 5 ～ 10 月感染。

3. 生活史

（1）中间宿主：淡水螺类，主要为扁卷螺和椎实螺。

（2）终末宿主：主要为牛、羊、鹿、骆驼等反刍动物。

同盘吸虫发育过程与肝片吸虫相似。成虫在牛羊瘤胃内产卵，虫卵随粪便排至体外，在适宜的环境条件下孵出毛蚴，毛蚴在水中遇到中间宿主即钻入其体内，发育为胞蚴、雷蚴和尾蚴，侵入中间宿主体内的毛蚴约经过 43 d 发育为尾蚴。尾蚴离开螺体后，附在水草上形成囊蚴。牛、羊食草或饮用水食入囊蚴而感染。囊蚴在肠道逸出，发育为幼虫，幼虫经小肠、胆管再经胆囊随胆汁进入皱胃内移行，35 d 后到达瘤胃内，蚴虫 2 ～ 4 个月发育为成虫。

4. 临床症状

急性型发生于夏秋季，由大量幼虫寄生引起。表现为精神沉郁，顽固性腹泻，粪便呈粥样或水样，粪便恶臭，动物迅速消瘦、贫血；肩前及腹股沟淋巴结肿大；颌下水肿，有时发展到整个头部。后期极度瘦弱表现为恶病质状态，卧地不起。中性粒细胞增多且核左移，嗜酸性粒细胞和淋巴细胞增多，终因衰竭而死亡。

慢性型发生于冬春季，由大量成虫寄生引起，主要表现为慢性消耗性疾病症状，食欲减退、消瘦、贫血、颌下水肿、腹泻等。

5. 病理变化

剖检可见瘤胃壁上有大量成虫寄生，瘤胃黏膜肿胀，损伤。由于幼虫移行而致小肠和皱胃发生急性炎症，导致黏膜水肿、出血、坏死和纤维素性炎症，有时可见"虫道"。由于成虫摄食营养物质，造成瘤胃乳头萎缩、硬化而影响消化机能。

6. 诊断

急性型根据流行病学、临床症状和剖检发现虫体综合诊断。

发病期腹泻严重，下痢便中往往混有被排出的幼虫，可用水洗沉淀法检查。

剖检可见尸体消瘦、淋巴结肿大。皱胃和小肠黏膜水肿，有出血点，有时见有纤维素性炎及坏死灶。在小肠、皱胃及网胃和瘤胃见有大量幼虫。

慢性型根据粪便检查和剖检确诊。粪便检查用沉淀法，发现大量虫卵，即可确诊。

7. 治疗

急性期用氯硝柳胺，75 ～ 80 mg/kg，对幼虫的疗效较好。慢性期用硫双二氯酚和六氯对二甲苯，剂量同肝片吸虫病的治疗。

8. 防制

可参考肝片吸虫病。

3.6 日本分体吸虫病

日本分体吸虫病，又称血吸虫病，是由分体科分体属的日本分体吸虫寄生于人和牛、羊等多种动物的门静脉系统的小血管引起的疾病。主要表现为急性或慢性肠炎，肝硬化，贫血，消瘦。日本分体吸虫病是一种危害极其严重的人畜共患寄生虫病。

1. 病原体

日本分体吸虫，雌雄异体，呈线状。

雄虫为乳白色，长 10 ～ 20 mm，口吸盘在体前端，腹吸盘在其后方，具有短而粗的柄与虫体相连。雄虫有抱雌沟，雌虫常居其中，两者常呈雌雄合抱状态。生殖孔开口在腹吸盘后抱雌沟内。没有咽。2 条肠管从腹吸盘之前起，在虫体后 1/3 处合并为一条。睾丸 7 个，呈椭圆形，在腹吸盘后串珠状排列。

雌虫为暗褐色，长 15 ～ 26 mm。卵巢呈椭圆形，位于虫体中部偏后两肠管之间。输卵管折向前方，在卵巢前与卵黄管合并形成卵模。子宫呈管状，位于卵模前，内含 50 ～ 300 个虫卵。卵黄腺呈分枝状，有规则，位于虫体后端。生殖孔开口于腹吸盘后方。虫卵呈椭圆形，淡黄色，没有卵盖，卵壳薄，卵内含有毛蚴，大小为（70 ～ 100）μm×（50 ～ 65）μm。

2. 流行病学

（1）感染来源。患病或带虫的终末宿主牛和人等，虫卵存在于粪便中。

（2）感染途径。终末宿主主要经皮肤感染，也可通过口腔黏膜感染，还可经胎盘感染。

（3）繁殖能力。1 条雌虫 1 d 可产卵 1 000 个左右。1 个毛蚴在钉螺体内经无性繁殖，可产出数万条尾蚴。尾蚴在水中遇不到终末宿主时，可在数天内死亡。

（4）地理分布。本病广泛分布于长江流域及以南省区。钉螺阳性率与人、畜的感染率呈正相关，病人、病畜的分布与钉螺的分布相一致，具有明显的地区性特点。钉螺的存在对本病的流行起着决定性作用。一般钉螺阳性率高的地方是本病的高发地区。在流行区内，钉螺常于 3 月开始出现，4 ～ 5 月和 9 ～ 10 月是繁殖旺季，多见于江河边、沟渠旁、湖岸、稻田、沼泽地等。掌握钉螺的分布及繁殖规律，对防制本病具有重要意义。

（5）流行特点。黄牛的感染率和感染强度高于水牛。黄牛年龄越大，阳性率越高。而水牛随着年龄增长，其阳性率则有所降低，并有自愈现象。在流行区，水牛由于接触"疫水"频繁，故在传播上可能起主要作用。

3. 生活史

（1）中间宿主。钉螺。

（2）终末宿主。主要为人和牛；羊、猪、马、犬、猫、兔及部分啮齿类和野生哺乳动物也可以感染。

（3）发育过程。成虫一般以雌雄合抱状态寄生于终末宿主的门静脉和肠系膜静脉内。雌虫产出的虫卵，一部分随着血液循环到达肝，另一部分堆积在肠壁形成结节。虫卵在肝和肠壁发育成熟，其内毛蚴分泌溶组织酶，破坏血管壁，并致周围肠黏膜组织炎症和坏死，同时借助肠壁肌肉收缩，虫卵进入肠腔，随粪便排出体外。虫卵落入水中，在适宜条件下很快孵出毛蚴，毛蚴遇中间宿主钉螺钻入体内，发育为母胞蚴、子胞蚴、尾蚴。尾蚴离开螺体游于水表面，遇到终末宿主后经皮肤钻入小血管或淋巴管，后随着血液循环最终到达肠系膜静脉和门静脉内发育为成虫。

（4）发育时间。虫卵处于 25～30 ℃、pH7.4～7.8 的水中时，几个小时即可孵出毛蚴；毛蚴在水中流动，遇到中间宿主钻入体内，经母胞蚴、子胞蚴发育成尾蚴。毛蚴侵入中间宿主体内发育至尾蚴约需 3 个月。尾蚴侵入宿主后发育为成虫的时间，因宿主的种类不同而有差异，如奶牛 36～38 d、黄牛 39～42 d、水牛 46～50 d。

（5）成虫寿命。一般为 3～4 年，在黄牛体内可达 10 年以上。

4. 临床症状

犊牛和犬的症状较重，羊和猪较轻。黄牛比水牛明显，幼龄比成年表现严重，成年水牛多为带虫者。犊牛多呈急性经过，主要表现为食欲不振，精神沉郁，体温升至 40～41 ℃，甚至 41 ℃以上，可视黏膜苍白、水肿，运动无力，消瘦，因衰竭死亡。慢性病例表现为消化不良，发育迟缓甚至完全停滞，食欲不振，下痢，粪便含有黏液和血液甚至块状黏膜、恶臭。母牛不孕、流产。

人感染后先出现皮炎，随后咳嗽、多痰、咯血，继而发热、下痢、腹痛等。后期出现肝、脾肿大，肝硬化，腹水增多（俗称大肚子病），病人逐渐消瘦、贫血，常因肝脏、脾脏等脏器衰竭而死亡。幸存者体质极度衰弱，成人丧失劳动能力，妇女不育，孕妇流产，儿童发育不良。

5. 病理变化

尸体消瘦、贫血、腹水增多。主要变化为虫卵沉积于血管、肝，以及心、肾、脾、胰、胃等器官组织形成虫卵结节，即"虫卵肉芽肿"。主要病变在肝和肠壁，肝脏表面凸凹不平，表面和切面有米粒大灰白色虫卵结节，初期肝肿大，后期肝萎缩、硬化。严重感染时肠壁肥厚，表面粗糙不平，有虫卵结节，尤以直肠为最重。肠系膜淋巴结肿大，脾肿大明显，肠系膜静脉和门静脉血管壁增厚，血管内有大量雌雄合抱的虫体。

6. 诊断

主要通过流行病学调查，结合临床症状、粪便检查和剖检变化进行综合诊断。

粪便检查采用尼龙筛淘洗法或毛蚴孵化法。剖检时只要发现虫体和虫卵结节就可以确诊。生前诊断还可用间接血凝试验（IHA）、酶联免疫吸附试验（ELISA）或环卵沉淀试验、皮内试验等。

7. 治疗

可选用以下药物治疗。

（1）吡喹酮。30 mg/kg，1 次口服，最大用药量黄牛不超过 9 g，水牛不超过 10.5 g，体重超过部分不计药量。为治疗人和牛、羊等的首选药。

（2）六氯对二甲苯。用于急性期病例，黄牛 120 mg/kg，水牛 90 mg/kg，口服，每天 1 次，连用 10 d。黄牛每日极量为 36 g，水牛为 36 g。20% 油溶液，按 40 mg/kg，每天注射 1 次，5 d 为 1 个疗程，15 d 后再注射 1 次。

（3）硝硫氰胺（7507）。60 mg/kg，1 次口服，最大用药量黄牛不能超过 18 g，水牛不能超过 24g，也可配成 1.5% ～ 2% 的混悬液，黄牛 2 mg/kg，水牛 1.5 mg/kg，1 次静脉注射。

（4）硝硫氰醚（7804）。牛 5 ～ 15 mg/kg，瓣胃注射，也可按 20 ～ 60 mg/kg，1 次口服。

8. 防制

本病是危害人类健康的重要人畜共患病之一，应采取人和易感动物同步的综合性防制措施。

（1）消除感染源。流行区每年都应对人和易感动物进行普查，对患病的人畜和带虫者进行及时治疗。严禁人和易感动物接触"疫水"，雨后不放牧，对被污染的水源应作出明显的标志，疫区要建立易感动物安全饮水池。

（2）消灭钉螺。消灭钉螺是防制本病的重要环节。可采用化学、物理、生物等方法灭螺。常用化学灭螺，在钉螺滋生处喷洒药物，如五氯酚钠、氯硝柳胺、溴乙酰胺、茶籽饼、生石灰等。

（3）粪便发酵。加强终末宿主粪便管理，发酵后再做肥料，严防粪便污染水源。

3.7 华支睾吸虫病

华支睾吸虫病，又称肝吸虫病，是由后睾科支睾属的支睾吸虫寄生于犬、猫、猪等动物和人的肝胆管及胆囊引起的疾病。主要表现为肝肿大，多呈隐性感染和慢性经过。华支睾吸虫病是重要的人畜共患病。

1. 病原体

病原体为华支睾吸虫，背腹扁平呈叶状，半透明，长 10 ～ 25 mm，宽 3 ～ 5 mm。口吸盘略大于腹吸盘，相距稍远。消化器官简单，食道短。肠支伸达虫体后端。睾丸分支，前后排列于虫体后 1/3。卵巢分叶，位于睾丸前。受精囊发达，呈椭圆形，位于睾丸与卵巢之间。卵黄腺由细小的颗粒组成，分布于虫体两侧。子宫从卵模处开始盘绕向前，开口于腹吸盘前缘的生殖孔，内充满虫卵。虫卵较小，呈黄褐色，形似灯泡，内含成熟的毛蚴，一端有卵盖，另一端有 1 个小突起，大小为（27 ～ 35）μm×（12 ～ 20）μm。

2. 流行病学

（1）感染来源。终末宿主的感染来源为含有囊蚴的补充宿主；中间宿主的感染来源为终末宿主的粪便。

（2）感染途径。终末宿主经口感染。患病动物和人的粪便未经处理倒入鱼塘，螺感染后使鱼的感染率上升，有些地区可达 50% ～ 100%。囊蚴遍布鱼的全身，以肌肉中最多。动物感染多因食入生鱼、虾饲料或厨房废弃物而引起。人感染的主要原因是食生鱼、烫鱼、生鱼粥等。

（3）抵抗力。囊蚴对高温敏感，90 ℃时立即死亡。在烹制"全鱼"时，可因温度和时间不足而不能杀死囊蚴。

（4）地理分布。分布广泛。在水源丰富、淡水渔业发达地区流行严重。

3. 生活史

（1）中间宿主。淡水螺类，主要以纹沼螺、长角涵螺和赤豆螺等分布最为广泛。

（2）补充宿主。淡水鱼和虾。在我国已经证实的有 70 多种鱼，其中以鲤、鲫、草鱼和麦穗鱼感染率最高；淡水虾如米虾、沼虾等。

（3）终末宿主。犬、猫、猪等动物和人，食鱼的野生动物也可感染。

（4）发育过程。成虫产出的虫卵随粪便排出体外，被螺吞食在其体内发育为毛蚴、胞蚴、雷蚴、尾蚴，进入中间宿主体内的虫卵发育为尾蚴需要 30 ～ 40 d。尾蚴离开螺体游于水中，遇到淡水鱼、虾即钻入其肌肉形成囊蚴。终末宿主食入含有囊蚴的鱼、虾而感染。囊蚴在十二指肠破囊后逸出，从胆总管进入肝胆管发育为成虫。进入终末宿主体内的囊蚴发育为成虫约需 30 d，幼虫也可以钻入十二指肠壁随血流到达胆管。在适宜的条件下，完成全部发育过程约需 100 d。成虫在犬、猫体内分别可存活 3.5 年和 12 年以上。在人体内可存活 20 年以上。

4. 临床症状

多数动物为隐性感染，症状不明显。严重感染时，食欲减退，下痢，水肿，甚至腹水，逐渐消瘦和贫血，轻度至重度黄疸，可视黏膜黄染，叩诊肝区有痛感。病程多为慢性经过，易并发其他疾病。

人主要表现为胃肠道不适，食欲不佳，消化障碍，腹痛，有门静脉淤血症状，肝肿大，肝区隐痛，轻度浮肿，或有夜盲症。

5. 病理变化

少量寄生时剖检无明显病变。大量寄生时可见卡他性胆管炎和胆囊炎，胆管变粗，胆囊肿大，胆汁浓稠呈草绿色，肝脂肪变性、结缔组织增生和硬化。

6. 诊断

根据流行病学、临床症状、病原检查等综合诊断。因虫卵小，粪便检查可用漂浮法，沉淀法检出率低。也可以用十二指肠引流胆汁检查法，用引流的胆汁进行离心沉淀，发现虫卵即可确诊。死后剖检发现虫体也可确诊。

人可用间接血凝试验（IHA）和酶联免疫吸附试验（ELISA）作为辅助诊断。

7. 治疗

可选用以下药物进行治疗：

（1）吡喹酮。犬、猫 50 ～ 60 mg/kg，1 次口服，隔周服用 1 次。休药期 28 d。

（2）丙硫咪唑（阿苯达唑、抗蠕敏）。30 mg/kg，口服，每天 1 次，连用 12 d。

（3）丙酸哌嗪。50 ～ 60 mg/kg，每天 1 次混饲，5 d 为一个疗程。休药期为牛 14 d、羊 10 d。

（4）六氯对二甲苯（血防846）。犬、猫50 mg/kg，每天3次，连用5 d。总量不超过25 g。出现毒性反应后立即停药。

（5）硫双二氯酚（别丁）。80 ～ 100 mg/kg，口服。

8. 防制

（1）定期驱虫。流行区的易感动物和人要定期检查和驱虫，防止终末宿主的粪便污染鱼池。

（2）饲料卫生。禁止以生鱼、虾饲喂易感动物，厨房废弃物经高温后再作饲料。

（3）饮食卫生。人禁食生鱼、虾，烹调要保证熟透。

（4）灭螺。可用喷洒药物、兴修水利、改造低洼地、饲养水禽等措施灭螺。药物灭螺一般在每年3 ～ 5月进行，用1 ∶ 50 000的硫酸铜或氨水、粗制氯硝柳胺（血防67，2.5 mg/L）等。饲养水禽灭螺时，应避免感染禽吸虫病。

项目小结

本项目主要讲述了常见吸虫病的病原、病原的形态结构，以及幼虫、虫卵和中间宿主的形态。分别描述了每种吸虫病的生活史、常见的临床症状和病理变化，并强调了诊断方法及防制措施。

知识拓展

《七律二首·送瘟神》是毛泽东在1958年6月30日在《人民日报》上读到余江县消灭了血吸虫的消息后写下的组诗作品。第一首诗通过对广大农村萧条凄凉情景的描写，反映了旧社会血吸虫病的猖狂肆虐和疫区广大劳动人民的悲惨遭遇；第二首诗描述新社会广大劳动人民征服大自然，治山理水，同时大举填壕平沟、消灭钉螺的动人情景。

课后思考

一、选择题

1. 片形吸虫最易感染的动物是（　　　　）。

　　A. 猪　　　　　　B. 马　　　　　　C. 犬　　　　　　D. 兔　　　　　　E. 绵羊

2. 育肥猪，消化功能紊乱，消瘦，结膜苍白，生长缓慢，病程持续时间较长（假设信息）。若该病由吸虫引起，合适的粪便检查方法为（　　　　）。

　　A. 直接涂片法　　　　　　B. 虫卵漂浮法　　　　　　C. 虫卵沉淀法

　　D. 幼虫分离法　　　　　　E. 毛蚴孵化法

3. 某户所饲养的羊突然发病，出现不明原因死亡。临床症状为：最急性的不表现任何症状突然死亡；有的病例起初表现为体温升高、精神沉郁，部分病例的眼、颌下、胸腹部出现水肿，多在几天内死亡。剖检变化：牛羊肝脏肿大，切面可见虫体，造成胆管扩张、增厚、变粗甚至堵塞。用磺胺类药物、左旋咪唑和阿维菌素等进行治疗无效，而用丙硫咪唑治疗，病情得到控制。临床诊断最可能为（   ）。

    A.血吸虫病   B.东毕吸虫病   C.肝片吸虫病

    D.歧腔吸虫病   E.华支睾吸虫病

   4. 2岁耕牛，腹泻2月有余，食欲减少，反刍异常，逐渐消瘦，被毛粗乱，无光泽容易脱落，行走缓慢，耕作无力，黏膜苍白，肝脏浊音区扩大。经使用抗菌消炎药物、助消化药和左旋咪唑等药物治疗无效。对该牛病的进一步诊断最好的方法是（   ）。

    A.采集粪便进行寄生虫检查   B.抽取血液进行寄生虫检查

    C.宰杀后剖检有无寄生虫   D.血液涂片镜检

    E.采集尿液进行寄生虫检查

   5. 2岁耕牛，腹泻2月有余，食欲减少，反刍异常，逐渐消瘦，被毛粗乱，无光泽容易脱落，行走缓慢，耕作无力，黏膜苍白，肝脏浊音区扩大。经使用抗菌消炎药物、助消化药和左旋咪唑等药物治疗无效。该病最有可能是（   ）。

    A.肝炎   B.胃肠炎   C.肝片吸虫病（大片吸虫病、歧腔吸虫病）

    D.牛出败病   E.犊牛新蛔虫病

   6. 2岁耕牛，腹泻2月有余，食欲减少，反刍异常，逐渐消瘦，被毛粗乱、无光泽、容易脱落，行走缓慢，耕作无力，黏膜苍白，肝脏浊音区扩大。经使用抗菌消炎药物、助消化药和左旋咪唑等药物治疗无效。该病最有效的治疗方法是（   ）。

    A.抗菌消炎 保肝解毒   B.开胃健脾 涩肠止泻

    C.利尿解毒 清理胃肠   D.解热镇痛 保肝解毒

    E.保肝驱虫 补液强心

二、思考题

   1.简述常见吸虫病的病原体、形态特征、中间宿主、补充宿主、终末宿主、寄生部位及流行病学。

   2.简述常见吸虫病的诊断、治疗和防制措施。

项目4 绦虫病

【学习目标】

1. 掌握常见绦虫的一般形态结构、生活史和分类。
2. 掌握常见绦虫幼虫及虫卵的特征。
3. 基本识别常见绦虫的中间宿主及补充宿主。
4. 基本掌握绦虫病虫卵粪便检查方法。
5. 培养学生具备良好的团队合作精神。

【学习重难点】

1. 不同绦虫形态结构的区别。
2. 不同绦虫幼虫及虫卵形态结构的鉴别。
3. 绦虫病的诊断及防制。

案例导入

张三，男，牧民，常年在西北地区生活。早期无身体不适症状。近日，他出现上腹部隐隐作痛、食欲减退、腹胀、消瘦等症状，用手触摸有坚硬无疼痛的肿块。随着病情的不断发展，他又加剧出现呼吸困难、腹水及黄疸症状。在此案例中，张三可能感染的寄生虫是什么？主要通过什么途径感染？怎样进行该病的防制？

4.1　绦虫概述

4.1.1　绦虫的形态结构

绦虫隶属于扁形动物门绦虫纲，其中寄生于动物和人体的绦虫以圆叶目和假叶目绦虫为主。

（1）形态。绦虫背腹扁平呈带状。白色或乳白色，虫体大小随种类不同，差异很大，小的在数毫米，大的在 10 m 以上甚至 25 m 以上的。虫体从前至后分为头节、颈节与体节三部分。头节为吸附和固着器官，一般分为以下三种类型。

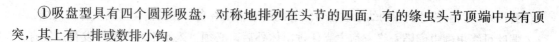

①吸盘型具有四个圆形吸盘，对称地排列在头节的四面，有的绦虫头节顶端中央有顶突，其上有一排或数排小钩。

②吸槽型在背腹面各具有一沟样的吸槽。

③吸叶型具有四个长形叶状的吸着器官，分别附在可弯曲的小柄上或直接长在头节上。颈节较纤细，是头节与体节的连接部，体节的节片由颈节从前向后生长而成。体节由数目不等的节片组成，由数节至数千节组成。根据发育程度不同分成三个部分：接颈节的节片由于生殖器官尚未发育成形，称为未成熟节片（幼节）；其后已形成两性生殖器官，称为成熟节片（成节）；最后部分节片的生殖器官萎缩退化，只有充满虫卵的子宫，称为孕卵节片（孕节）。

（2）体壁。绦虫无体腔，体表为表层，其下为肌层，内为实质。无消化系统，通过体表吸收营养物质。

（3）神经系统。神经中枢在头节中，自中枢发出两条大的和几条小的纵神经干，贯穿于各个链节，直达虫体后端。

（4）排泄系统。起始于焰细胞，由焰细胞发出来的细管汇集成为排泄管，与虫体两侧的纵行总排泄管相连，纵行总排泄管在每一体节后缘有横管相通，在最后体节后缘中部有一个排泄孔通向体外。

（5）生殖系统。绦虫为雌雄同体，每个节片中都具有一组或两组雄性和雌性生殖系统。雄性生殖器官有一个至数百个睾丸，呈圆形或椭圆形，输出管互相连接呈网状，在节片中央部附近汇合成输精管，输精管曲折通向节片边缘，并有两个膨大部，一个在雄茎囊外，称为外贮精囊；另一个在雄茎囊内，称为内贮精囊。输精管末端为射精管和雄茎，雄茎可自生殖腔伸出体节边缘；生殖腔开口处为生殖孔。内贮精囊、射精管、前列腺及雄茎的大部分均包含在圆形的雄茎囊内。

卵模在雌性生殖器官的中心区域，卵巢、卵黄腺、子宫等均与之相通。卵巢在节片的后半部，一般呈两瓣状，均由许多细胞组成，各细胞有小管，最后汇合成一条输卵管，通入卵模。阴道的膨大部分为受精囊，近端通入卵模，远端开口于生殖腔的雄茎下方。卵黄腺分为两叶或一叶，在卵巢附近，由卵黄管通向卵模，子宫一般为盲囊状，并且有袋状分枝。由于没有开口，虫卵不能自动排出，待孕卵节片脱落破裂时才散出虫卵。假叶目绦虫的子宫上有子宫孔通向体外，成熟的虫卵可以由子宫孔排出，故其子宫没有圆叶目绦虫发达。

4.1.2　绦虫的生活史

绦虫的生活史较为复杂，绝大多数绦虫在发育过程中需要一个或两个中间宿主。绦虫的受精方式有同体节受精、异体节受精及异体受精。

圆叶目绦虫成虫寄生于终末宿主的小肠内，孕卵节片（或孕卵节片破裂释放出的虫卵）随粪便排出体外，被中间宿主吞食后，卵内六钩蚴（具有三对小钩的胚胎）逸出，在寄生部位发育为绦虫蚴期，又称为中绦期。如果以哺乳动物作为中间宿主，在其体内发育为囊尾蚴、多头蚴、棘球蚴等类型的幼虫；以节肢动物和软体动物等无脊椎动物作为中间宿主，则发育为似囊尾蚴。以上各种类型的幼虫被各自固有的终末宿主吞食，在其消化道内发育为成虫。

假叶目绦虫的虫卵随着终末宿主粪便排出体外后，必须进入水中才能继续发育，发育为钩毛蚴（钩球蚴），被中间宿主（甲壳纲昆虫）吞食后发育为原尾蚴，含有原尾蚴的中间宿主被补充宿主（鱼、蛙类或其他脊柱动物）吞食后发育为裂头蚴（实尾蚴），终末宿主食入含有裂头蚴的补充宿主而感染，在其消化道内经过消化液的作用，蚴虫吸附在肠壁上发育为成虫。

4.1.3　绦虫的分类

绦虫隶属于扁形动物门绦虫纲，与动物和人关系较大的有两个目：圆叶目和假叶目，以圆叶目绦虫为多见。

1. 圆叶目

头节上有 4 个吸盘，顶端常有顶突，其上有钩或无钩。虫体分节明显。生殖孔开口于体节侧缘，无子宫孔，虫卵没有卵盖，内含六钩蚴，主要有以下几个科。

（1）裸头科。成虫寄生于哺乳动物，幼虫为似囊尾蚴，寄生于无脊椎动物。大、中型虫体，头节上有吸盘，无顶突及小钩。每个体节上有一组或两组生殖器官。睾丸数目多，子宫为横管或网管状。

（2）带科。大、中、小型虫体，头节上有 4 个吸盘，顶突不能回缩，上有两行钩（牛带绦虫除外）。生殖孔明显，不规则地交替排列。睾丸数目众多。卵巢双叶，子宫为管状，孕节子宫有主干和许多侧分枝。成虫寄生于鸟类、哺乳动物和人，蚴虫为囊尾蚴、多头蚴或棘球蚴，多寄生于哺乳动物和人。

（3）戴文科。中、小型虫体，头节顶突上有 2 圈或 3 圈斧型小钩，吸盘上有细小的小棘。每节有一套生殖器官（偶有两套），卵袋取代孕节的子宫。成虫一般寄生于鸟类，亦有寄生于哺乳动物的；幼虫寄生于无脊椎动物。

（4）膜壳科。中、小型虫体，头节上有可伸缩的顶突，具有 8 ～ 10 个小钩，呈单行排列。节片通常宽大于长，有一套生殖系统，生殖孔为单侧。睾丸大，经常不超过 4 个。孕节子宫为横管。成虫寄生于脊椎动物，通常以无脊椎动物为中间宿主，个别虫种不需要中间宿主，可以直接发育。

（5）中绦科。中、小型虫体，头节上有 4 个突出的吸盘，但无顶突。生殖孔位于腹面的中线上。虫卵居于厚壁的副子宫器内。成虫寄生于鸟类和哺乳动物。

2. 假叶目

头节一般为双槽型。分节明显或不明显。生殖器官每节常有一套。孕卵节片子宫常呈弯曲管状。睾丸数目较多，卵黄腺为许多泡状体。卵通常有卵盖，在中间宿主体内发育为原尾蚴，在补充宿主体内发育为能感染终末宿主的实尾蚴。成虫多寄生于鱼类。

4.2　人畜共患绦虫病

4.2.1　猪囊尾蚴病

猪囊尾蚴病，也称为猪囊虫病，是由带科带属的猪带绦虫的幼虫猪囊尾蚴寄生于猪、人的肌肉及脑等组织所引起的一种人畜共患寄生虫病。本病是肉食品卫生检验的重要项目之一。猪带绦虫只寄生于人的小肠中。猪囊尾蚴不仅寄生于猪，而且可寄生于人的肌肉、脑、心肌等器官中，往往造成严重的后果。

1. 病原体

猪囊尾蚴，也称为猪囊虫，呈椭圆形，白色，米粒大小至黄豆大小的半透明囊泡，大小为（6～8）mm×5 mm，囊内充满囊液，囊壁上有一个嵌入的白色内翻的头节，头节上的构造与成虫相同。其成虫为猪带绦虫（有钩绦虫、猪肉绦虫、链状带绦虫），长 2～7m。头节呈球形，有四个吸盘；在头节顶端有一个顶突，其周围有 2 排小钩（25～50 个）分内外两环交替排列。颈节窄而短，全虫由 700～1 000 个节片组成。每个节片内有一组生殖系统，睾丸为泡状，150～300 个分布于节片的背侧。生殖孔略突出，在体节两侧不规则地交互开口。孕卵节片内子宫由主干分出 7～12 对侧枝。每一孕节含虫卵 3 万～5 万个，孕节单个或成段脱落，未成熟节片宽而短，未成熟节片长度小于宽度，成熟节片接近于正方形，孕卵节片长度大于宽度（图 4-1）。

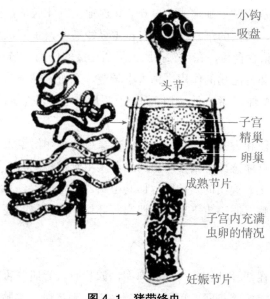

图 4-1　猪带绦虫

虫卵呈圆形，浅褐色，两层卵壳，外层薄，易脱落，内层较厚，有辐射状的条纹，称为胚膜。内含六钩蚴，直径为 31 ～ 43 μm。

2. 流行病学

本病呈世界性分布，在我国各地均有散发流行，尤其在东北、华北和西南广大地区时常发生，不仅影响养猪业的发展，还对人类健康造成很大危害，防制猪囊尾蚴病在公共卫生学上有重要意义。

猪囊尾蚴病主要是猪与人之间循环感染。猪的唯一感染来源是链状带绦虫的患者，他们每天向外界排出孕节和虫卵，而且可持续 3 ～ 20 余年。

猪囊尾蚴病的发生和流行与人的粪便管理和猪的饲养管理方式密切相关，猪接触患者粪便的机会越多，越易造成流行。

人感染猪带绦虫主要取决于饮食卫生习惯和烹调与食肉方法，如有吃生猪肉习惯的地区，则呈地方性流行。此外，烹煮时间不够也可能被感染。

对肉品的检验不严格，病肉处理不当均可成为本病流行因素。

猪带绦虫繁殖能力较强，患者每月可排出 200 多个孕卵节片，每个节片含虫卵约 4 万个。虫卵在外界抵抗力较强，一般能存活 1 ～ 6 个月。

3. 生活史

（1）中间宿主：猪和野猪。

（2）终末宿主：人。

人是猪带绦虫唯一的终末宿主。人因吃生的或未煮熟的含囊尾蚴的猪肉而被感染。人误食入囊尾蚴后，虫体到达小肠后经肠液及胆汁的作用头节外翻，囊壁很快被消化，借助于吸盘和小钩固着于十二指肠和空肠处，头节深埋于肠黏膜内，在人小肠内经 2 ～ 3 个月发育为成虫。虫体颈节不断地生长节片，而虫体后端的孕节不断地从链体脱落，因而使虫体能保持相对的长度和节片数。孕节常单独地或 5 ～ 6 节相连地从链体脱落，随粪便排出。排出的孕节仍具有一定的活动力，其内的子宫膨胀可自正中纵线裂开，虫卵散出，污染外界环境。当散出的虫卵被中间宿主猪吞食后，在十二指肠内经消化液的作用，24 ～ 72 h 后胚膜破裂，六钩蚴逸出，然后借小钩和分泌物的作用，钻入小肠壁，经血液循环或淋巴系统到达宿主身体各处肌肉中，在此处，虫体逐渐长大，中间细胞液化形成空腔，充满液体。约经 10 周后，猪囊尾蚴发育成熟。

人感染囊尾蚴的途径和方式有两种：一是猪带绦虫的虫卵污染人的手、蔬菜等食物，被误食后而受感染；二是自体感染，猪带绦虫的患者发生肠逆蠕动时，脱落后孕节随肠内容物逆行到胃内，卵模被消化，逸出的六钩蚴返回肠道钻入肠壁血管。移行至全身各处肌肉中而发生自身感染，多见于脑、眼、皮下组织和肌肉等部位。猪囊尾蚴还可在野猪、猫、犬等动物体内寄生。

4. 临床症状

猪囊尾蚴大多寄生在活动性比较大的肌肉中，如咬肌、心肌、舌肌等。轻度感染时一般没有明显的临床症状，重度感染时，可导致猪营养不良、贫血、水肿、衰竭。胸廓深陷入肩胛之间，前肢僵硬，发音嘶哑和呼吸困难。病猪走路时四肢僵硬、不灵活，反应迟钝。当猪囊尾蚴大量寄生于脑部时，可引起猪出现严重的神经机能障碍，特别是鼻部的触痛，强制运动，癫痫，视觉扰乱和急性脑炎，有时突然死亡。寄生于眼结膜或舌部表面时可见有豆状肿胀。

猪囊尾蚴寄生于人脑时，多数患者有癫痫发作，头痛、眩晕、恶心、呕吐、记忆力减退和消失，严重者可致死亡。寄生在眼时可导致视力减弱，甚至失明。寄生于皮下肌肉组织中，使肌肉酸痛无力。

人患猪带绦虫病后，表现为消瘦、消化不良、腹痛、恶心、呕吐等症状。主要是由于猪带绦虫头节固着在人的肠壁上，引起肠炎、肠痉挛，导致腹痛；同时，还夺取大量营养物质，使人消瘦。虫体分泌物和代谢物等毒性物质被吸收后，可引起人胃肠机能失调和神经病状。

5. 病理变化

严重感染的猪肉，呈苍白色。在病猪肌肉中可发现有米粒大小的白色半透明的囊泡，也可在其他寄生的脏器中观察到囊尾蚴。

6. 诊断

猪囊尾蚴生前诊断较为困难，可检查眼睑和舌部，查看有无豆状肿胀。严重感染的猪，体形可能改变，肩胛肌肉表现严重水肿、增宽，后肢部肌肉水肿隆起，外观呈哑铃状或狮子形。走路时前肢僵硬，后肢不灵活，左右摇摆。发音嘶哑，呼吸困难，睡觉发鼾。触摸舌根或舌腹面可发现囊虫引起的结节。近年来血清免疫学诊断方法，如间接血凝试验、酶联免疫吸附试验等已被应用到诊断中。

动物死后检查咬肌、腰肌、肩外侧肌等部位，若发现猪囊尾蚴即可确诊。

若怀疑人患猪带绦虫病，检查粪便，若发现孕卵节片和虫卵即可确诊。

7. 治疗

实际生产中对猪囊尾蚴的治疗意义并不大，症状较轻的可选用吡喹酮，1 次 30 ～ 60 mg/kg，每天服用 3 次；丙硫咪唑，1 次 30 mg/kg，每天服用 3 次。

对人脑囊虫病的治疗：吡喹酮，20 mg/kg，每天分两次服用，连服 6 d；丙硫咪唑，20 mg/kg，分两次口服，15 d 为一疗程，间隔 15 d，至少服用 3 个疗程。

对人患猪带绦虫病的治疗：槟榔－南瓜子合剂：南瓜子 50 g，槟榔片 100 g，硫酸镁 30 g。南瓜子炒后去皮磨碎，槟榔片作成煎剂，早晨空腹先服用南瓜子粉，1 h 后再服用槟榔煎剂，0.5 h 后服用硫酸镁。应多喝白开水，服药后 4 h 可排出虫体。用仙鹤草根芽晒干粉碎，成人 25 g，早晨空腹一次服下。氯硝柳胺（灭绦灵），成人用量 3 g，早晨空腹两次分服，药片嚼碎后用温水送下，否则无效，间隔 0.5 h 再服另一半，1 h 后服硫酸镁。

人驱虫后应检查排出的虫体有无头节，如无头节，虫体还会生长。

8. 防制

加强肉食品卫生检验，实行定点屠宰，集中检疫，病肉按国家有关条例处理；对人群进行普查和驱虫治疗，排出的虫体和粪便深埋或烧毁；加强人粪管理和改善猪的饲养管理方法，发现病例应及时做无害化处理，做到人便入厕，猪圈养，切断感染途径；注意个人卫生，养成饭前便后洗手的习惯，不吃生的或不熟的猪肉；加强宣传教育，提高人们对猪囊尾蚴的危害性、感染途径与方式的认识，提高防病能力。

4.2.2 牛囊尾蚴病

牛囊尾蚴病是由带科带吻属的牛带吻绦虫的幼虫牛囊尾蚴寄生于牛引起的疾病。牛带吻绦虫只寄生于人的小肠中，牛囊尾蚴寄生于牛的肌肉中。

1. 病原体

牛囊尾蚴，又称牛囊虫，呈灰白色，为半透明的囊泡，直径约 1 cm。囊内充满液体，囊壁一端有一内陷的粟粒大的头节，上有 4 个吸盘，无顶突和小钩。

牛带吻绦虫，又称无钩绦虫、牛肉带绦虫、肥胖带绦虫，为乳白色，带状，体长为 5 ~ 10 cm，最长可达 25m 以上。节片长而肥厚，由 1 000 ~ 2 000 个节片组成。头节上有 4 个吸盘，但无顶突和小钩。孕卵节片窄而长，其内的子宫每侧有 15 ~ 30 个主侧枝（图 4-2）。虫卵呈球形，黄褐色，内含六钩蚴，直径为 30 ~ 40 μm。

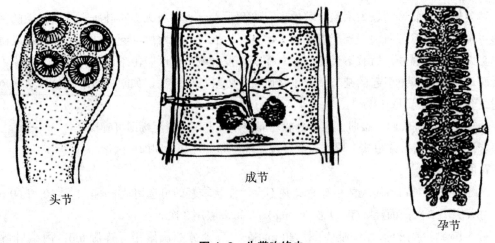

头节　　　　　　　　成节　　　　　　　　孕节

图 4-2　牛带吻绦虫

2. 流行病学

牛带吻绦虫广泛分布于世界各地，在多吃牛肉，尤其是在有吃生的或不熟牛肉习惯的地区或民族中造成流行，在一般地区均有散在感染。

我国多个省份有散在分布的牛带吻绦虫病人，但在少数民族农牧区有较高的感染率，如内蒙古、新疆、西藏、云南、四川的藏族地区。

人感染牛带吻绦虫与当地牛的囊尾蚴感染有密切关系。在流行区，野外牧牛很普遍，当地农牧民常在牧场及野外排便，致使粪便污染牧场、水源和地面而使牛感染牛带吻绦虫，虫卵在外界可存活 8 周以上，可在很多化学消毒剂中存活，也可耐受许多物理条件。因此，牛很容易吃到有活力的虫卵或孕节而受到感染。牛囊尾蚴在牛体内的分布以肌肉中为主，也可寄生于肝、肾、肺。

3. 生活史

（1）中间宿主：黄牛、水牛及牦牛等。

（2）终末宿主：人。

成虫寄生于人的小肠中，孕节或虫卵随粪便排出，当中间宿主牛吞食虫卵或节片后，六钩蚴在小肠内逸出，钻入肠壁血管中，随血流散布到全身肌肉，经 10 ～ 12 周发育为牛囊尾蚴。人误食了含有牛囊尾蚴的牛肉而受感染，包囊被消化，头节外翻吸附在人的小肠黏膜上，经 2 ～ 3 个月发育为成虫，其寿命可达 20 ～ 30 年或更长。

4. 临床症状

基本同猪囊尾蚴病。病牛一般不显病状，重度感染的急性期，在感染后 30 ～ 50 d 表现体温升高、咳嗽、腹泻、肌肉震颤、运动障碍，有时可引起死亡。牛囊尾蚴不感染人。

人感染牛带吻绦虫后可引起消化障碍、腹泻、腹痛、恶心等，长期寄生时可造成内源性维生素缺乏及贫血。

5. 病理变化

牛囊尾蚴都寄生在咬肌、舌肌、心肌、肩胛肌等处，有时也可寄生于肺、肝和脂肪等处。

6. 诊断

基本同猪囊尾蚴病。生前诊断较困难，可采用血清学方法诊断，主要是间接血凝试验和酶联免疫吸附试验。尸体剖检时发现牛囊尾蚴即可确诊。

人患牛带吻绦虫病时，孕节可自动从肛门爬出，有痒感。用涂片检查或粪便检查时可检出虫卵或孕节。

7. 治疗

可用吡喹酮，30 mg/kg，连服 7 d，或 50 mg/kg，连用 2 ～ 3 d；芬苯达唑，25 mg/kg，连服 3 d。

人感染牛带吻绦虫，可用吡喹酮、氯硝柳胺、丙硫咪唑等治疗；也可用槟榔 - 南瓜子合剂和仙鹤草根芽等治疗。

8. 防制

可参考猪囊尾蚴病的防制措施。

4.2.3　棘球蚴病

棘球蚴病，又称包虫病，是由带科棘球属棘球绦虫的幼虫——棘球蚴寄生于哺乳动物及人的肝脏和肺脏以及其他器官中所引起的疾病。成虫寄生于犬科动物小肠中；幼虫寄生于动物及人的任何部位，以肝脏和肺脏为多见，是重要的人畜共患寄生虫病之一。

1. 病原体

棘球蚴病的病原体主要有单房型棘球蚴和多房型棘球蚴两种。成虫主要有细粒棘球绦虫和多房棘球绦虫两种。

（1）单房型棘球蚴。单房型棘球蚴是细粒棘球绦虫的幼虫，寄生于人及羊、牛、猪和骆驼体内，大小为豌豆大至小儿头大。棘球蚴囊壁为两层：外层为角质层，无细胞结构。内层为胚层（生发层），胚层生有许多原头蚴；还可向腔内芽生出许多小泡，称为生发囊。生发囊内壁上也生成数量不等的原头蚴。生发囊和原头蚴可从胚层上脱落于囊液中，常见于幼龄绵羊。母囊内还可生成与母囊结构相同的子囊，甚至孙囊，与母囊一样可长出生发囊和原头蚴，多见于人。游离于囊液中的生发囊、原头蚴和子囊统称为包囊砂（棘球砂）。有的棘球蚴囊内的胚层不生出原头蚴，称为不育囊，常见于牛和猪。

（2）多房型棘球蚴。多房型棘球蚴是多房棘球绦虫的幼虫，寄生于啮齿类动物，也可寄生于人、牛和猪。它是由无数囊泡聚集而成，囊泡大小为 2 ～ 5 mm，囊内多为胶质物，囊壁有（鼠）或无（人和家畜）原头蚴。

（3）细粒棘球绦虫。细粒棘球绦虫为小型虫体，体长为 2 ～ 7 mm，由一个头节和 3 ～ 4 个节片构成。头节上有 4 个吸盘，顶突上有两排角质小钩，数目为 36 ～ 40 个。成节内含有一组雌雄生殖器官，睾丸为 35 ～ 55 个，生殖孔位于节片侧缘的后半部。孕节的长度约占全虫长的一半，子宫每侧枝为 12 ～ 15 个（图 4-3）。

（4）多房棘球绦虫。多房棘球绦虫寄生于犬科动物的小肠，长 1.2 ～ 4.5 mm。顶突上有 14 ～ 34 个小钩。睾丸 14 ～ 35 个，生殖孔位于节片侧缘的前半部。孕卵节片内子宫呈袋状，无侧枝。

2. 流行病学

本病属全球性分布，以牧区为多见。犬是动物和人细粒棘球蚴病的感染源，人的感染多因直接接触犬，致使虫卵黏在手上再经口感染，或通过蔬菜、水果、饮用水和生活用具，误食虫卵也可遭感染，猎人因直接接触犬和狐狸的皮毛等而感染。

棘球蚴病在我国以新疆、青海、四川、宁夏、甘肃等地最为严重。

一个终末宿主可同时寄生大量的虫体，故成虫产卵量较大。虫卵对外界环境的抵抗力较强，在外界环境中可长期存活，在 5 ～ 10 ℃ 的粪堆中可存活 12 个月，在 -20 ～ 20 ℃ 的干草中可存活 10 个月。对化学药物也有较强的抵抗力。

3. 生活史

（1）中间宿主。细粒棘球绦虫的中间宿主为羊、牛、猪、马等多种野生动物和人。多房棘球绦虫的中间宿主为啮齿类动物。

（2）终末宿主：犬、狼和狐狸等肉食动物。

成虫寄生于犬、狼、狐狸等肉食动物的小肠中，孕卵节片脱落随粪便排出体外，污染饲料、饮用水或

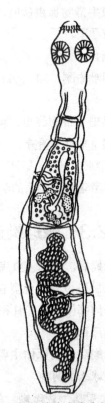

图 4-3 细粒棘球绦虫成虫结构模式图

牧场，被中间宿主吞入。虫卵内的六钩蚴在消化道内逸出，钻入肠壁血管内，随血液循环或淋巴循环进入肝、肺等处，经 6 ～ 12 个月发育为成熟的棘球蚴。终末宿主吞食含有棘球蚴的脏器后，原头蚴在其小肠内经 6 ～ 7 周发育为成虫，成虫在犬体内的寿命为 5 ～ 6 个月。人误食细粒棘球绦虫的虫卵后，患棘球蚴病，在人体内可存活 10 ～ 30 年。

4. 临床症状

棘球蚴对动物的危害主要取决于棘球蚴的大小、数量和寄生部位。棘球蚴对动物和人可引起机械压迫、中毒和过敏反应等作用，机械性压迫使周围组织发生萎缩和功能障碍。代谢产物被吸收后，使周围组织发生炎症和全身过敏反应，严重者死亡。人患棘球蚴病主要以慢性消耗为主，往往使患者丧失劳动能力。绵羊较敏感，死亡率也较高，严重感染者表现为消瘦、被毛逆立、呼吸困难、咳嗽、体温升高、腹泻、倒地不起。牛严重感染时常见消瘦、衰弱、呼吸困难或轻度咳嗽、产奶量下降。各种动物都可因囊泡破裂而产生严重的过敏反应而突然致死，对人危害尤为明显。

成虫对犬的致病作用不明显，甚至寄生数千条绦虫也无临床症状。

5. 病理变化

剖检可见受感染的脏器中有豌豆大至小儿头大不等的棘球蚴寄生。

6. 诊断

动物生前诊断比较困难，往往尸体剖检时才能发现，动物和人均可采用皮内变态反应检查法诊断。间接血凝试验和酶联免疫吸附试验对动物和人的棘球蚴感染有较高的检出率。

皮内变态反应检查法：取新鲜棘球蚴囊液，无菌过滤使其不含原头蚴，在动物颈部皮内注射 0.1 ～ 0.2 mL，观察皮肤变化 5 ～ 10 min，如果出现直径 5 ～ 10 cm 的红斑，并有肿胀或水肿，为阳性。此操作过程应有生理盐水对照组。

7. 治疗

可用丙硫咪唑，绵羊 90 mg/kg，连服两次；吡喹酮，25 ～ 30 mg/kg，口服。人可用外科手术治疗，也可服用丙硫咪唑和吡喹酮。

8. 防制

对牧场上的野犬、狼、狐狸等食肉动物进行驱赶，根除感染源；患病器官不得随意喂犬，必须无害化处理后方可作饲料；保持畜舍、饲草、饲料和饮用水卫生，防止犬粪污染。人与犬接触时，应注意个人卫生和防护。加强科普宣传，严格控制犬的数量，对犬进行定期驱虫。

4.2.4　脑多头蚴病

脑多头蚴病，又称脑包虫病、回旋病，是由带科带属的多头带绦虫的幼虫——脑多头蚴寄生于反刍动物的脑所引起的疾病，有时也会寄生在延脑或脊髓内。本病主要危害牛、羊，特别是犊牛和羔羊，也可感染猪、马、骆驼和人。

1. 病原体

脑多头蚴，又称为脑包虫或脑共尾蚴，为乳白色的半透明囊泡，呈圆形或卵圆形，直径约 5 cm 或更大，大小取决于寄生部位、发育程度及动物种类。囊壁由两层膜组成，外膜为角质层，内膜为生发层，其上有许多原头蚴，直径为 2 ~ 3 mm，数量有 100 ~ 250 个。囊内充满液体。

成虫为多头带绦虫，或称为多头绦虫，寄生于犬、狼、狐狸的小肠中，体长 40 ~ 100 cm，由 200 ~ 250 个节片组成，最大宽度为 5 mm。头节小，上有 4 个吸盘，顶突上有 22 ~ 32 个小钩，孕节子宫每侧有 18 ~ 26 个主侧枝。

虫卵呈圆形，卵内含有六钩蚴。虫卵直径为 29 ~ 37 μm。

2. 生活史

（1）中间宿主：羊、牛等反刍动物。

（2）终末宿主：犬、狼和狐狸等肉食动物。

多头带绦虫的孕卵节片和虫卵随终末宿主的粪便排至外界，污染了牧草、饲料或饮用水。反刍动物吞食了被虫卵污染的牧草或饮用水，虫卵在胃肠内孵化，六钩蚴逸出进入肠壁血管内，随血流被带到脑和脊髓并在组织中移行，经 2 ~ 3 个月发育为脑多头蚴。当终末宿主犬、狼吞食了含有多头蚴的牛、羊的脑和脊髓即被感染。多头蚴在动物的消化道内经消化液的作用，囊壁被消化，原头蚴逸出，吸附在小肠黏膜上经 41 ~ 73 d 发育成多头带绦虫。成虫在终末宿主体内可存活数年。

3. 临床症状

临床症状可分为感染初期和感染后期两个阶段。

（1）感染初期。六钩蚴进入脑组织，引起脑炎和脑膜炎，表现为体温升高、脉搏和呼吸加快，患畜做回旋、前冲或后退运动。有时出现流涎、斜视、头颈向一侧弯曲等症状。发病严重的在 5 ~ 7 d 内因急性脑炎死亡。

（2）感染后期。感染后期为慢性期。感染一定时间内症状不明显，随着虫体不断发育，压迫脑和脊髓，引起脊髓局部组织贫血、萎缩，眼底充血，嗜酸性粒细胞增多，严重时导致中枢神经功能障碍。致病作用还可波及脑的其他部位，并间接地影响全身系统。最终引起宿主严重贫血，常因恶病质死亡。

临床症状主要取决于虫体的寄生部位。寄生于大脑额骨区时，头下垂，向前直线奔跑或呆立不动；寄生于大脑颞骨区时，常向患侧做转圈运动，虫体越大，转圈越小，有的病例对侧视力减弱或消失；寄生于枕骨区时，头高举；寄生于小脑时，病羊站立或运动失去平衡，行走时步态蹒跚；寄生于脊髓时，行走的后躯无力、麻痹，呈犬坐姿势。症状常反复出现，重症者最后因极度消瘦或主要神经中枢受损而死亡。如寄生了多个虫体而又位于不同部位时，动物则会出现综合性症状。

4. 病理变化

急性病例剖检时可见脑膜充血和出血，脑膜表面有时能看到六钩蚴移行时产生的虫道。慢性病例外观头骨有时会出现头骨变薄、变软，并有隆起，打开头骨后可见虫体。虫体寄生部位周围组织出现萎缩、变性、坏死。

5. 诊断

在流行区内，可根据其特殊的临床症状、病史做出初步判断。出现典型转圈运动的临床症状时，应与莫尼茨绦虫病和羊鼻蝇蛆病等进行鉴别。虫体寄生于大脑表层时，触诊头部可判定虫体所在部位。也可用 X 光或超声波进行诊断，有些病例需在剖检时才能确诊，近年来也应用 ELISA 法和通过向眼睑内注射多头蚴囊液产生的变态反应来诊断。

6. 治疗

手术治疗：确定虫体寄生部位，如寄生在大脑表层时可进行外科手术摘除。

药物治疗：可用吡喹酮，牛、羊 100 ～ 150 mg/kg，内服，连用 3 d 为一疗程。

7. 防制

可参考棘球蚴病，主要防止犬感染多头带绦虫，避免犬吃到带有多头蚴的羊、牛等动物脑及脊髓；避免饲料、饮用水被犬粪便污染。高发区定时给犬投服吡喹酮进行驱虫。

4.2.5 细颈囊尾蚴病

细颈囊尾蚴病是由带科带属的泡状带绦虫的幼虫——细颈囊尾蚴寄生于多种动物和野生动物引起的疾病。幼虫寄生于猪、牛、羊等的大网膜、肠系膜、肝浆膜等处；成虫寄生于犬、狼和狐狸等肉食动物的小肠内。

1. 病原体

细颈囊尾蚴，又称水铃铛，是泡状带绦虫的幼虫。细颈囊尾蚴呈乳白色囊泡状，囊内充满透明液体，大小如鸡蛋或更大。囊壁有一个乳白色而具有长颈的头节。

泡状带绦虫，乳白色，稍带黄色，体长可达 5 m，头节上有顶突和 26 ～ 46 个小钩。孕节内充满虫卵，子宫上有 5 ～ 16 对主侧枝。

虫卵为卵圆形，内含六钩蚴，大小为（36 ～ 39）μm×（31 ～ 35）μm。

2. 生活史

（1）中间宿主：猪、牛、羊及骆驼等。

（2）终末宿主：犬、狼和狐狸等肉食动物。

孕节或虫卵随犬粪便排至体外，污染牧草、饲料及饮用水，被猪、牛、羊、人等中间宿主吞食，虫卵内的六钩蚴逸出，钻入肠壁血管，随血流到达肝脏，并逐渐移行至肝表面，经过 2 ～ 4 周进入腹腔内发育。感染后经过 1 ～ 2 个月发育为成熟的细颈囊尾蚴。幼虫可寄生于肠系膜和大网膜上，也可寄生于胸腔和肺部，终末宿主犬、狼吞食了含有细颈囊尾蚴的脏器而感染。成虫在犬体内可生存 1 年左右。

3. 临床症状

细颈囊尾蚴对仔猪及羔羊危害严重。牧区的绵羊感染严重，牛较少见。病畜表现不安、流涎、不食、腹泻和腹痛等症状，有时造成仔猪死亡。慢性疾病多发生在幼虫自肝脏移行出来之后，一般临床症状不明显，有时患畜出现精神不振、食欲消失、消瘦、发育不良等症状。有时幼虫移行至腹腔或胸腔可引起腹膜炎和胸膜炎，表现出体温升高等症状。

4. 病理变化

在肝中移行的幼虫数量较多时，可破坏肝实质及微血管，穿成虫道，从而造成出血性肝炎。有时还会导致动物患急性腹膜炎，严重病例在剖检时能见到细颈囊尾蚴。

5. 诊断

生前可用血清学诊断法，但有时会出现假阳性。死后发现虫体即可确诊。在脏器中的囊体，由一层组织反应产生的厚膜包围，故不透明，易与棘球蚴相混。

6. 治疗

吡喹酮 50 mg/kg 或氯硝柳胺 100 ～ 150 mg/kg，均口服。或者剂量为 50 mg/kg 的吡喹酮与液体石蜡按 1 : 6 比例混合均匀，分 2 次间隔 1 d 深部肌肉注射，可杀死全部虫体。

7. 防制

应对犬进行定期驱虫；防止犬进入猪、羊舍内散布虫卵，污染饲料和饮用水；禁止将屠宰后的患病脏器随意处置。

4.3　豆状囊尾蚴病

豆状囊尾蚴病是由带科带属的豆状带绦虫的幼虫寄生于家兔的肝脏、肠系膜和腹腔内引起的疾病。成虫寄生于犬科动物的小肠中。

1. 病原体

豆状囊尾蚴，呈椭圆形，包囊很小，如豌豆大，囊内含 1 个头节。一般由 5 ～ 15 个或更多，成串地附着在肝、肠系膜或腹腔浆膜上。

豆状带绦虫，又称锯齿状绦虫，长 60 ～ 200 cm，乳白色，生殖孔不规则地交互开口，体节边缘呈锯齿状，孕节的子宫每侧有 8 ～ 14 个主侧枝。

2. 生活史

（1）中间宿主：主要是家兔，其次是野兔及其他啮齿类动物。

（2）终末宿主：犬科动物。

生活史与泡状带绦虫相似。孕卵节片和虫卵随犬粪便排出体外，当中间宿主兔吃入虫卵后，六钩蚴在消化道逸出，钻进肠壁，随血液循环到达肝实质中发育 15 ～ 30 d，然后进入腹腔成串或成团地发育成熟。终末宿主犬、狐吞食了含有豆状囊尾蚴的内脏后，在犬小肠内经 35 d，在狐狸小肠内经 70 d 发育为成虫。

3. 临床症状

本病对兔的致病力不强，多呈慢性经过，主要表现为消化机能异常、消瘦，幼兔发育缓慢，大量感染时可出现肝炎症状。

4. 病理变化

剖检主要是检查对肝脏的损伤，初期肝脏肿大，表面有虫体结节，后期虫体在肝脏表面游离，有时在腹腔中也可见。

5. 诊断

生前诊断比较困难，主要是死后剖检发现虫体即可确诊。

6. 治疗

吡喹酮，剂量为 25 mg/kg，每天 1 次，连用 5 d；丙硫咪唑，剂量为 15 mg/kg，每天 1 次，连服 5 d。

7. 防制

主要以预防为主，对犬进行定期驱虫；防止犬吞食含有豆状囊尾蚴的兔子内脏；禁止用犬粪便污染过的饲草、饮用水喂兔子。

4.4　反刍动物绦虫病

反刍动物绦虫病是由裸头科莫尼茨属、曲子宫属和无卵黄腺属的多种绦虫寄生于牛、羊等反刍动物小肠内引起的疾病。对羔羊和犊牛危害严重。

1. 病原体

（1）莫尼茨绦虫。在我国常见的莫尼茨绦虫有扩展莫尼茨绦虫和贝氏莫尼茨绦虫，后者多寄生于犊牛。

①扩展莫尼茨绦虫。虫体为乳白色，呈长带状，长 1～6 m，宽 1.6 cm。头节小，头节近似球形，上有 4 个吸盘，无顶突和小钩。体节宽而短，成节内有两组生殖器官，每侧一套，生殖孔开口于节片的两侧。卵巢和卵黄腺在体两侧构成花环状，子宫呈网状。睾丸数百个，分布于排泄管内侧。节间腺呈环状或滤泡状，在节片后缘横列。虫卵近似三角形，卵内含特殊的梨形器，器内含六钩蚴。卵直径为 56～67 μm。每个成熟节片后缘附近均有泡状的节间腺，排成一行。

②贝氏莫尼茨绦虫。虫体呈黄白色，可长达 4 m，节间腺由密集的点组成条带状，范围小，集中分布在节片中部。虫卵近似四角形。

（2）曲子宫绦虫。常见的虫种为盖氏曲子宫绦虫，虫体呈乳白色，带状，体长可达 4.3 m，每个成熟节片内只有一组生殖器官，左右不规则交替排列。雄茎囊外伸，使虫体外观边缘不整齐呈锯齿状；睾丸为小圆点状，分布于排泄管的外侧，子宫呈多弯曲的横列状。虫卵近似球形，无梨形器，每 5～15 个虫卵被包在一个副子宫器（子宫周器官）内。卵直径为 18～27 μm。

（3）无卵黄腺绦虫。常见的虫种为中点无卵黄腺绦虫，虫体长且窄，体长可达 2～3 m，宽 2～3 mm；每个成熟节片内只有一组生殖器官，左右不规则排列。睾丸位于排泄管两侧，无卵黄腺和梅氏腺。子宫位于节片中央；虫卵呈椭圆形，内含六钩蚴，无梨形器，直径为 21～38 μm。

2. 流行病学

（1）地理分布。本病在我国的西北、东北和内蒙古牧区流行比较广泛。莫尼茨绦虫病和盖氏曲子宫绦虫病分布在全国各地，中点无卵黄腺绦虫病主要分布在高寒、干燥地区。

（2）年龄动态。莫尼茨绦虫主要感染羔羊和犊牛；盖氏曲子宫绦虫多见于6～8个月的成年绵羊，4～5个月的羔羊几乎不感染；中点无卵黄腺绦虫则多见于成年牛、羊。

（3）季节动态。莫尼茨绦虫的季节动态与地螨活动规律及似囊尾蚴的发育期有关，而地螨的繁殖能力和似囊尾蚴的发育期与气候直接相关，因此，北方动物多在5月开始感染，到6～10月达到感染高峰。而南方于2～3月开始感染，4～5月达到高峰。盖氏曲子宫绦虫于春、夏、秋季都能感染，而中点无卵黄腺绦虫多在秋季发生感染，曲子宫绦虫与贝氏莫尼茨绦虫常混合感染。

3. 生活史

（1）中间宿主：地螨。

（2）终末宿主：牛、羊、骆驼等反刍动物。

寄生于羊、牛小肠的绦虫成虫，它们的孕卵节片或虫卵随粪便排出后，如被地螨吞食，则虫卵内的六钩蚴在地螨体内发育为似囊尾蚴。当终末宿主羊、牛等反刍动物在采食时连同牧草一起吞食了含有似囊尾蚴的地螨后，似囊尾蚴在反刍动物的消化道逸出，附着在肠壁上，逐渐发育为成虫，需45～60 d。虫卵在地螨体内发育为似囊尾蚴所需要的时间主要取决于外界温度。

4. 致病作用

（1）机械性作用。大量虫体寄生时，造成肠腔狭窄，影响食物通过，甚至发生肠阻塞、套叠或扭转，最终因肠破裂引起腹膜炎而死亡。

（2）夺取营养。虫体在肠道内每昼夜可生长8 cm，需从宿主机体内夺取大量的营养物质，必然影响宿主的生长发育，使之消瘦，体质衰弱。

（3）毒素作用。虫体的代谢产物和分泌毒素被机体吸收后，可引起各组织器官发生炎性病变。同时还破坏神经系统和心脏及其他器官的活动。肠黏膜的完整性遭到损害时，可引起继发感染，并降低羔羊和犊牛的抵抗力，可促进羊快疫和肠毒血症的发生。

5. 临床症状

轻微感染不表现明显症状，仅偶尔出现消化不良、食欲降低、排稀便等。但也有仅感染少数虫体，甚至一条大的虫体就可引起明显症状甚至造成死亡的病例。严重感染时，初期食欲降低，渴欲增加，常有下痢，在粪便中有节片排出。有时节片成链状吊在肛门处。继后出现贫血、消瘦、被毛粗乱无光泽。有的病畜因中枢神经中毒出现抽搐、旋回运动等神经症状。有的病例因虫体扭结成团引起肠梗阻，出现腹痛，甚至引起肠破裂而死亡。病末期，患畜常因高度衰弱卧地不起，将头折向后方，常做咀嚼运动，口出泡沫，反应迟钝，极度衰弱而死亡。

6. 病理变化

尸体消瘦、黏膜苍白、胸腹腔渗出液增多。肠黏膜出血，小肠内可发现虫体。有时可见肠阻塞或肠扭转。

7. 诊断

根据流行病学调查、临床症状、粪便检查、剖检发现虫体，并进行综合诊断。观察放牧地区是否有地螨活动，观察动物粪便中有无孕卵节片排出。

采用饱和盐水漂浮法检查粪便中的虫卵。根据临床表现，若怀疑本病而又未查到孕卵节片和虫卵（未成熟时无节片和虫卵排出），可采取药物驱虫的方式诊断。剖检时若发现虫体即可确诊。

8. 治疗

可选用以下药物进行治疗：

（1）硫双二氯酚。绵羊 100 mg/kg，牛 50 mg/kg，一次口服。

（2）氯硝柳胺。绵羊 60 ~ 70 mg/kg，驱除盖氏曲子宫绦虫，绵羊为 100 mg/kg，牛为 60 ~ 70 mg/kg，制成 10% 混悬液灌服。

（3）丙硫咪唑。牛、羊 10 ~ 20 mg/kg，口服。

9. 防制

应采用预防性驱虫，放牧前与舍饲后进行。可在春季放牧后 30 ~ 35 d 进行一次驱虫，以后每隔 30 ~ 35 d 进行一次，直到转入舍饲。

消灭中间宿主，采取深耕土壤、开垦荒地、种植牧草、更新牧地的方式减少地螨的繁衍；避免在低湿草地放牧，有条件的地区可实行轮牧。保护幼畜，粪便发酵处理等。

4.5　犬、猫绦虫病

犬、猫绦虫病是由多种绦虫寄生于犬、猫的小肠而引起的疾病的总称。

1. 病原体

（1）犬复孔绦虫。属双壳科复孔属，寄生于犬、猫、狐狸、狼等肉食动物，也可感染人，以幼儿为多。活体为淡红色，固定后为乳白色，体长 10 ~ 50 cm，由约 200 个节片组成。头节有吸盘、顶突和小钩。体节呈黄瓜籽状，有时会称为"瓜子绦虫"。成熟节片有两组生殖器官，生殖孔位于两侧。孕节内子宫分为许多卵囊，每个卵囊内含有数个至 30 个以上虫卵。虫卵呈圆形透明，内含六钩蚴。中间宿主为犬蚤、猫蚤和犬毛虱，终末宿主吞食含有似囊尾蚴的中间宿主而感染，经 2 ~ 3 周发育为成虫。

（2）中线绦虫。属中绦科中绦属，寄生于犬、猫及野生食肉动物的小肠内，人偶有感染。虫体呈乳白色，体长 30 ~ 250 cm，最宽处 3 mm。头节上无顶突和小钩，头节上有 4 个长圆形吸盘。颈节很短，成节近似方形，每节上有一组生殖系统。子宫位于节片中央，生殖孔开口于腹面正中。虫卵呈长圆形，内含六钩蚴。幼虫期为似囊尾蚴。

（3）泡状带绦虫。属带科带属，主要寄生于犬、猫等肉食动物的小肠内。体长可达 5 m。

头节大，有吸盘、顶突和小钩，颈短粗。幼虫为细颈囊尾蚴，主要寄生于猪、牛、羊等的大网膜和肠系膜上。

（4）曼氏迭宫绦虫。长 40 ～ 60 cm，头节指状，有一纵行的吸槽。寄生于犬、猫和一些肉食动物的小肠内。幼虫期为曼氏裂头蚴。中间宿主为剑水蚤，补充宿主为鱼。

2. 生活史

孕卵节片或虫卵随着粪便排出体外，进入中间宿主（有的还需进入补充宿主体内），发育成为幼虫，终末宿主食入含有幼虫的中间宿主或补充宿主，在其小肠内发育为成虫。

3. 临床症状

轻度感染时，临床症状不明显，多为营养不良。严重感染时，食欲不振，消化不良、呕吐、下痢，有时腹痛，逐渐消瘦，贫血。寄生虫体数量较多时可导致肠堵塞、肠破裂或肠扭转，个别病例会出现神经症状。此病多呈慢性经过，很少导致动物死亡。

4. 诊断

用漂浮法检查粪便发现虫卵和节片即可确诊。

5. 治疗

可选用以下药物进行治疗：

①硫双二氯酚，犬 100 mg/kg，猫 150 ～ 200 mg/kg，口服。

②氯硝柳胺，犬 100 ～ 150 mg/kg，猫 200 mg/kg，口服。

③丙硫咪唑，犬、猫 10 ～ 15 mg/kg，口服。

④吡喹酮，犬、猫 5 ～ 10 mg/kg，口服。

6. 防制

应当建立严格的肉品卫生检验制度，未经过无害化处理的肉类废弃物不得喂猫、犬及其他肉食动物；对猫、犬应定时进行预防驱虫，驱虫后粪便深埋或焚烧；避免犬、猫食入生鱼片或虾等；做好猫舍的灭鼠工作。

4.6 鸡绦虫病

鸡绦虫病是由戴文科戴文属和赖利属的绦虫寄生于鸡的小肠引起的疾病。本病的分布较广，对养鸡业的危害较大，放养的雏鸡可能因此大批死亡。

1. 病原体

（1）节片戴文绦虫。属戴文科戴文属，寄生于鸡、鸽、鹌鹑的十二指肠内。成虫短小，仅有 0.5 ～ 3.0 mm 长，由 4 ～ 9 个节片组成。整个虫体似舌形，节片从前至后逐个增大。头节小，顶突和吸盘上均有小钩，但易脱落。生殖孔规则地交替开口于每个体节的侧缘前部。雄茎囊长，可达体宽的一半以上。睾丸 12 ～ 15 个，排成两列，位于体节后部。孕节子宫分裂为许多卵囊，每个卵囊内只含 1 个六钩蚴。发育中以蛞蝓、陆地螺蛳为中间宿主，其吞食虫卵后，六钩蚴在体内约经两周发育为似囊尾蚴，鸡吞食含有似囊尾蚴的中间宿主，在其小肠内发育为成虫（图4-4）。

图4-4　节片戴文绦虫

（2）鸡赖利绦虫。鸡赖利绦虫病是对鸡危害最大的一类绦虫病，尤其对地面平养的雏鸡危害严重，发病率和死亡率都很高。赖利属绦虫种类很多，但最常见、危害性最大的有三种，即棘沟赖利绦虫、四角赖利绦虫和有轮赖利绦虫。

①棘沟赖利绦虫。虫体寄生于鸡、火鸡和雉的小肠内。虫体较大，长34 cm，宽4 mm，顶突上有钩2圈（200～250个小钩）。吸盘呈圆形。生殖口常开于一侧边缘上，偶有交替开口。孕节的子宫内形成90～150个卵袋，每个卵袋内有6～12个虫卵。卵直径为25～40 μm。发育中以蚂蚁为中间宿主。孕卵节片或卵囊随粪便排到外界，被蚂蚁吞食后，六钩蚴逸出，经两周发育为似囊尾蚴。禽类吞食了含有似囊尾蚴的蚂蚁后，经19～23 d发育为成虫。

②四角赖利绦虫。虫体寄生于家鸡和火鸡的小肠后半部，长达25 cm，是鸡最大的绦虫。头节较小，顶突上有1～3行小钩，数目为90～130个，吸盘呈卵圆形，上有8～10行小钩。成节的生殖孔位于一侧的边缘上。孕节中每个卵囊内含卵6～12个，虫卵直径为0.025～0.05 mm。中间宿主为蚂蚁和家蝇。发育过程同棘沟赖利绦虫。

③有轮赖利绦虫。虫体寄生于鸡、火鸡雉和珍珠鸡的小肠（十二指肠）内，一般不超过4 cm，偶可达15 cm，头节上的顶突宽大而肥厚，呈轮状，突出于顶端，上有400～500个小钩排成两圈吸盘，无钩，颈节不能查见。生殖孔左右不规则地交替开口，睾丸15～30个，孕卵节中有许多副子宫器，每个中仅含1个卵，卵的直径为75～88 μm。发育中以家蝇、金龟子、步行虫等昆虫为中间宿主。温暖季节，虫卵在中间宿主体内，经14～16 d似囊尾蚴发育成熟。禽类啄食带有似囊尾蚴的中间宿主后，在小肠内经12～20 d似囊尾蚴发育为成虫。

2. 流行病学

节片戴文绦虫主要流行于我国南方，以幼禽为主。本病的分布主要与中间宿主的分布有关。各种年龄的鸡均可感染，其中25～40 d的雏鸡死亡率较高。

3. 致病作用与临床症状

虫体头节钻入肠黏膜，使肠壁上形成结节样病变，并损伤肠黏膜，引起肠炎，虫体多量寄生时可阻塞肠管，甚至破裂发生腹膜炎。轻度感染时，症状不明显。当严重感染时，表现为出血性溃烂，消化功能紊乱，使雏鸡的发育受阻，使成鸡的产蛋量下降。

4. 诊断

根据流行特点、临床症状、粪便检查和尸体剖检确诊。注意夏秋季节雏鸡多发病；粪便检查主要是发现孕卵节片，初期可见小肠黏膜肥厚；充血或溃疡结节，并可发现绦虫。

5. 治疗

当禽类发生绦虫病时，必须立即对全群进行驱虫。可选用以下药物治疗。

（1）硫双二氯酚（别丁）。鸡 150 ~ 200 mg/kg，鸭 200 ~ 300 mg/kg，以 1：30 的比例与饲料混合，一次投服。鸭对该药较为敏感。

（2）氯硝柳胺（灭绦灵）。鸡 50 ~ 60 mg/kg，鸭 100 ~ 150 mg/kg，一次投服。

（3）吡喹酮。鸡、鸭均按 10 ~ 15 mg/kg，一次投服，可驱除各种绦虫。

（4）丙硫咪唑。鸡、鸭均按 10 ~ 20 mg/kg，一次投服。

（5）羟萘酸丁萘脒。鸡按 400 mg/kg，一次投服，对赖利绦虫有效。

6. 防制

由于鸡绦虫在其生活史中必须有特定种类的中间宿主参与，因此预防和控制鸡绦虫病的关键是消灭中间宿主，从而中断绦虫的生活史。集约化养鸡场采取笼养的管理方法，使鸡群避开中间宿主，这可以作为易于实施的预防措施。使用杀虫剂消灭中间宿主是比较困难的。

经常清扫鸡舍，及时清除鸡粪，做好防蝇灭虫工作。

幼鸡与成鸡分开饲养，最后采用全进全出制。

抑制中间宿主的滋生，饲料中添加环保型添加剂，如在流行季节里饲料中长期添加环丙氨嗪（一般按 5 g/t 全价饲料）。

定期进行药物驱虫，建议在 60 日龄和 120 日龄各预防性驱虫一次。

4.7　马裸头绦虫病

马裸头绦虫病是由裸头科裸头属和副裸头属的绦虫寄生于马属动物小肠内引起的寄生虫病。

1. 病原体

病原体主要有以下三种。

（1）叶状裸头绦虫。虫体短而厚，似叶状。长 2.5 ~ 5.2 cm，宽 0.8 ~ 1.4 cm，头节较小，4 个吸盘呈杯状向前突出，每个吸盘后方各有 1 个特征性的耳垂状附属物。节片短而宽，成熟节片有 1 组生殖器官，睾丸约 200 个。虫卵近圆形，有梨形器，内含六钩蚴，梨形器约等于虫卵半径。

（2）大裸头绦虫。虫体长可达 1 m 以上，最宽处可达 28 mm，头节宽大，吸盘发达。所有节片的长度均小于宽度，节片有缘膜，前节缘膜覆盖后节约 1/3。成熟节片有一组生殖器官，生殖孔开口于一侧。睾丸 400 ~ 500 个，位于节片中部。子宫横列，呈袋状且有分枝。

虫卵浅灰色呈圆形，直径为 50 ～ 60 μm，内含六钩蚴，梨形器小于虫卵半径。

（3）侏儒副裸头绦虫。虫体短小，长 6 ～ 50 mm，宽 4 ～ 6 mm。头节小，吸盘呈裂隙样。虫卵大小为 51 μm×37 μm，梨形器大于虫卵半径。

2. 流行病学

传染源为患病或带虫的马、驴和骡等马属动物，孕卵节片存在于粪便中。以 2 岁以下的幼驹感染率为最高。在我国西北和内蒙古等地的牧区呈地方流行性，有明显的季节性，多在夏末秋初感染，在冬季和翌年春季出现症状。

3. 生活史

（1）中间宿主：地螨。

（2）终末宿主：马、驴和骡等马属动物。

成虫寄生于终末宿主肠道中，孕卵节片和虫卵随粪便排出体外，被中间宿主吞食后，六钩蚴在其体内约经 5 个月发育为似囊尾蚴。当终末宿主食入含囊尾蚴的中间宿主后，在小肠内经消化液作用，蚴体逸出，头节外翻，吸附在肠壁上经 6 ～ 10 周发育为成虫。

4. 临床症状

寄生数量较多时，幼驹表现为生长发育迟缓，食欲不振，精神沉郁，被毛逆立无光泽，腹部膨大，有时腹泻，粪便中常混有带血的黏液，心跳加速，呼吸加快。常重复发生癫痫症状。有时出现疝痛症状。病程可持续 1 个月以上。

5. 病理变化

肝脏充血，心内、外膜有出血点，肠系膜淋巴结肿大、多汁且有出血点。尸体消瘦，小肠或结肠有卡他性炎症或溃疡，病灶区含多量黏液和虫体。有时会伴有腹膜炎症状。

6. 诊断

根据流行病学、临床症状和粪便检查进行综合诊断，如在粪便中发现孕卵节片或虫卵即可确诊。粪便检查用漂浮法。

7. 治疗

可用氯硝柳胺（灭绦灵），剂量为 88 ～ 100 mg/kg，1 次口服；硫双二氯酚，剂量为 10 ～ 25 mg/kg，1 次内服；或服用槟榔 – 南瓜子合剂。

8. 防制

定期进行预防性驱虫，驱虫后排出的粪便做无害化处理。避免在低湿草地和地螨滋生地放牧，以减少感染的机会。

项目小结

本项目主要讲述了常见绦虫及绦虫蚴病的病原、病原的形态结构，以及虫卵和中间宿主的形态；分别描述了每种绦虫病的生活史、常见的临床症状和病理变化，并强调了诊断方法及防制措施。

抗"虫癌"专家樊海宁：生命无价 医者仁心

医者，也是行者。为了让更多的农牧区群众尽早摆脱棘球蚴病（包虫病）的困扰，十年来，包虫病救治专家——青海大学附属医院教授樊海宁，带领他的团队每年到牧区筛查、义诊十几次。包虫病是一种人畜共患寄生虫病，若不及时治疗，病死率极高，因此，也被称为"虫癌"。长期以来，包虫病已成为农牧区群众因病致贫、因病返贫的重要原因之一。为防止因病致贫、因病返贫，多年来，樊海宁先后与青海省红十字会、青海省地方病预防控制所、青海省慈善总会和国内公益基金会合作，开展"三江源包虫病救助公益行"救助活动，在青海省首次推进包虫病防制公益诊疗、精准医疗扶贫等公益医疗救助项目，开展包虫病防制宣教、免费筛查、藏汉双语宣教等，先后筹集公益救助资金 1 000 余万元，为患者免费检查、免费进行手术治疗、免费提供药物治疗，此举为贫困患者解除后顾之忧。

课 后 思 考

一、选择题

1.羊脑多头蚴的传染来源是（　　　）。

A.猫　　　　　　　　　　B.鼠

C.犬　　　　　　　　　　D.人

E.猪

2.牛食入被人粪便污染的牧草后可感染的寄生虫是（　　　）。

A.裂头蚴　　　　　　　　B.囊尾蚴

C.脑多头蚴　　　　　　　D.细颈囊尾蚴

E.棘球蚴

3.莫尼茨绦虫的中间宿主是（　　　）。

A.蚂蚁　　　　　　　　　B.陆地螺

C.地螨　　　　　　　　　D.钉螺

E.椎实螺

4.治疗棘球蚴病的药物是（　　　）。

A.硫双二氯酚　　　　　　B.吡喹酮

C.阿维菌素　　　　　　　D.莫能菌素

E.三氮脒

5.如果从粪便中检出含有六钩蚴的虫卵，则该动物感染的寄生虫是（　　　）。

  A.线虫   B.球虫

  C.绦虫   D.吸虫

  E.原虫

6.早秋季节，6周龄地面平养鸡群表现为精神委顿、食欲减少、消瘦、拉稀。病死鸡极度消瘦。小肠黏膜增厚、出血，肠腔内有大量黏液及多条带状的虫体。治疗该病的药物是（　　　）。

  A.氨丙啉   B.吡喹酮

  C.伊维菌素   D.左旋咪唑

  E.肝蛭净

7.早秋季节，6周龄地面平养鸡群表现为精神委顿、食欲减少、消瘦、拉稀。病死鸡极度消瘦。小肠黏膜增厚、出血，肠腔内有大量黏液及多条带状虫体。该病原的中间宿主是（　　　）。

  A.地螨   B.蚯蚓

  C.蚊子   D.蚂蚁

  E.跳蚤

二、思考题

1.简述常见绦虫病的病原体、形态特征、中间宿主、补充宿主、终末宿主、寄生部位及流行病学。

2.简述常见绦虫病的诊断、治疗和防制措施。

项目 5 线虫病

【学习目标】

1. 掌握常见线虫的一般形态结构、生活史和分类。
2. 掌握常见线虫虫卵的特征。
3. 基本识别常见线虫的中间宿主及补充宿主。
4. 基本掌握线虫病虫卵粪便检查方法。
5. 培养学生勇于探索的学习精神。

【学习重难点】

1. 不同线虫形态结构的区别。
2. 不同线虫虫卵形态结构的鉴别。
3. 线虫病的诊断及防制。

 案例导入

某羔羊食欲减退、消瘦、贫血、腹泻，死前数日排水样血色便，并有脱落的黏膜。其粪便中有大量腰鼓形棕黄色虫卵，两端有卵塞。该病的病原最有可能是哪种寄生虫？应怎样防制？

5.1 线虫概述

5.1.1 线虫的形态结构

（1）形态。线虫一般为圆柱形或纺锤形，有的呈线状或毛发状。前端钝圆，后端较尖细，不分节。活体时为乳白色，吸血的虫体略带红色。线虫大小差别很大，小的仅 1 mm 左右，如旋毛虫的雄虫，最长可达 1 m 以上，如麦地那龙线虫的雌虫。寄生性线虫均为雌雄异体，一般为雄虫小、雌虫大。雄虫后端不同程度的弯曲，有交合伞或其他辅助构造。线虫的整个虫体可分为头、尾、背、腹和两侧。

（2）体壁。线虫体壁由角皮、皮下组织和肌层组成。线虫体表为透明的角皮，表面光

滑或有横纹、纵纹等，体表还常有由角皮层参与形成的特殊构造，如头泡、颈翼、唇片、叶冠、尾翼、交合伞、乳突等，有附着、感觉和辅助交配等功能，这些构造的位置、形状和排列，是线虫分类的主要依据。角皮还延续为口囊、食道、直肠、排泄孔。角皮下面有皮下层和肌层，皮下层为原生质，在背腹及两侧的中部原生质比较集中，形成四条纵索，两条侧索内有排泄管，背索和腹索内有神经干。角皮、皮下层和肌层构成体壁。体壁与内脏之间为假体腔，充满液体，线虫的消化系统和生殖系统均于腔内。皮下层下面为肌层，纤维素的收缩和舒张使虫体运动。

（3）消化系统。消化系统大多由口腔、咽、食道、肠道、肛门组成。口孔位于虫体头部顶端，口孔与食道之间为口囊，大小和形状因种而异。有的线虫口囊周围有数目不等的唇片或叶冠，口囊内有齿、切板和矛等构造。有的线虫头端有头泡。食道为一肌肉组织构成的管状物，多呈圆柱状，有些呈柱状或漏斗状。有些线虫食道后部膨大形成食道球，食道在形态分类上具有重要意义。肠道呈管状，位于食道后，其后端为直肠，很短。肛门开口位于虫体尾部腹面，雌虫肛门单独开口，雄虫的直肠和肛门与射精管的汇合处为泄殖腔，开口处附近有乳突。

（4）排泄系统。排泄系统有腺型和管型两类。腺型由一个大的腺体细胞构成，位于体腔内。无尾感器纲一般为腺型。管型由两条排泄管组成，位于侧索内，两管从后向前延伸，并在虫体前端相连，排泄孔在食道附近的腹面中线上，有些线虫无排泄管，只有排泄腺。有尾感纲为管型。

（5）神经系统。神经系统的主要部分是位于食道周围的神经环，相当于神经中枢，向前向后各发出 6 条神经干，分布于虫体各部位。各神经干之间有横连合。虫体其他部位还有单个神经节，线虫的体表有许多乳突，如唇乳突、颈乳突、尾乳突及性乳突等，具有感觉作用，尾部还有 1 对尾感器，尾感器的有无是划分纲的重要特性之一。

（6）生殖系统。生殖系统多数是雌雄异体，生殖器官都是简单的弯曲的管状结构，各器官都彼此相通，仅在形态上略有区别。

雄性生殖器官位于虫体后 1/3 处，为单管型，由睾丸、输精管、贮精囊和射精管组成，开口于泄殖腔。此外，虫体尾部还有辅助交配器官，包括交合刺、导刺带、副导刺带、性乳突和交合伞等，形态与结构复杂多样。交合刺一般为 2 根，包藏在交合鞘内，在交配时有撑开雌虫生殖孔的功能。有些雄虫尾端具有交合伞结构，为对称的叶状膜，由肌质的腹肋、侧肋和背肋支撑，每个叶皆有伞幅肋所支持。肋一般排列对称，分为三组，副肋两对，即前副肋和侧副肋；侧肋三对，即前侧肋、中侧肋和后侧肋；背肋包括一个外背肋和一个背肋，有的在背肋远端分若干个分枝。辅助生殖器官的构造是鉴别线虫种别的重要依据（图 5-1）。

雌性生殖器官一般由两条细管组成，通常为双管型，少数为单管型。生殖器官由卵巢、输卵管、受精囊、子宫、阴道和阴门组成。双管型有两组生殖器，分别起自虫体的前部和后部，最后由两条子宫汇成一条阴道，阴道的开口是阴门，它的位置变化很大，可在虫体腹面的前部、中部或后部，均位于肛门之前，有些线虫的阴门被有表皮形成的阴门盖。

线虫没有呼吸器官和循环系统，寄生在宿主体内，进行厌氧呼吸。

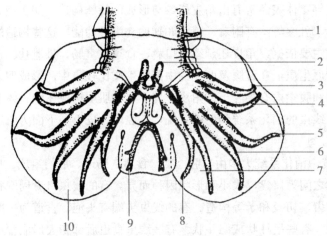

图 5-1　圆形线虫雄虫尾部构造

1—伞前乳突；2—交合刺；3—前腹肋；4—侧腹肋；5—前侧肋
6—中侧肋；7—后侧肋；8—外背肋；9—背肋；10—交合

5.1.2　线虫的生活史

　　雌雄虫体在宿主体内交配受精，雌虫产出已经受精成熟的虫卵或含有幼虫的虫卵或幼虫，因此线虫的生殖方式可分为卵生、卵胎生、胎生三类，大部分线虫为卵生。卵生是指有些虫卵内的胚胎未分裂，处于单细胞期，如蛔虫卵；卵胎生是指虫卵内已形成幼虫，如后圆线虫；胎生是指雌虫直接产出幼虫，如旋毛虫。

　　根据线虫在发育过程中是否需要中间宿主，可分为直接发育型（土源性）线虫和间接发育型（生物源性）线虫两种类型。大多数线虫的发育过程中不需要中间宿主直接发育，少数需要中间宿主的参与才能完成发育史，线虫的发育史要经过 5 个幼虫期、4 次蜕化才能发育为成虫。蜕化是幼虫新生一层新角皮、蜕去旧角皮的过程。

　　（1）直接发育型线虫。雌虫产卵排出体外后，虫卵在适宜的外界环境中发育成具有感染能力的卵或幼虫。感染性虫卵或幼虫被终末宿主吞食后，幼虫在宿主体内逸出，体内移行或不移行（因种而异），再进行 2～3 次蜕皮发育为成虫。直接发育型线虫又可分为蛲虫型、毛尾线虫型、蛔虫型、圆线虫型、钩虫型五种类型。

　　（2）间接发育型线虫。雌虫产出的虫卵或幼虫被中间宿主吞食后，在其体内发育为感染性幼虫，幼虫通过中间宿主侵袭动物或被动物吞食而感染。在终末宿主体内经蜕皮后发育为成虫。中间宿主多为无脊椎动物。间接发育型线虫又可分为原圆线虫型、丝虫型、旋毛虫型、旋尾线虫型、龙线虫型。

5.1.3　线虫的分类

　　线虫属于线形动物门，种类较多，多数寄生于无脊椎动物和植物，部分寄生于人和动物。一般线形动物门下分为两个纲，即尾感器纲和无尾感器纲。

1. 尾感器纲

（1）杆形目。微型至小型虫体，有前食道球和食道球，阴门在虫体后 1/3 处开口。

（2）尖尾目。小型或中等大小，食道球明显，但没有前食道球。常寄生于鸟类、两栖动物和哺乳动物。

（3）蛔目。大型虫体，头端通常有三片唇围绕，食道呈圆柱状。

（4）圆线目。细长型虫体，雄虫尾部有典型交合伞，被伞幅肋支持着，有两个交合刺。

（5）旋尾目。头端具有偶数唇，多有两个侧唇，卵胎生，发育需中间宿主。

（6）驼形目。无唇，有或无口囊，食道长，胎生。

（7）丝虫目。虫体丝状，口孔小；食道及雄虫尾部与旋尾目相似。雄虫交合刺常不等长。常寄生于与外界不相通的体腔或组织内，卵胎生或胎生。

2. 无尾感器纲

（1）毛尾目。虫体一般前部细后部粗，食道长，雄虫交合刺一根或无，卵两端有塞。

（2）膨结目。虫体粗大，食道呈柱状。雌虫雄虫生殖器官均为单管型。雄虫尾部有钟形无肋交合伞，交合刺一根。

5.2　旋毛虫病

旋毛虫病是由毛形科毛形属的旋毛虫寄生于多种动物和人体内引起的一种人畜共患病。

1. 病原体

成虫细小，呈线形，白色，肉眼几乎难以识别，前部为食道较细，较粗的后部包含着肠管和生殖器官。雄虫长 1.4 ～ 1.6 mm，尾端有泄殖孔，有两个呈耳状悬垂的交配叶，无交合刺和交合伞。雌虫长 3 ～ 4 mm，阴门位于身体前部（食道部）的中央，胎生。成虫寄生于终末宿主小肠，称为肠旋毛虫。幼虫长 1 ～ 1.5 mm，刚产出的幼虫呈圆柱状，长为 80 ～ 120 μm，感染后 30 d 长到 1 mm，幼虫感染后 17 ～ 20 d 开始卷曲并形成包囊，包囊呈圆形、椭圆形或梭形。幼虫寄生于宿主横纹肌内，称为肌旋毛虫。

2. 流行病学

旋毛虫病属世界性分布，宿主范围广，猪、犬、猫、鼠是旋毛虫病的主要传染源，其次是野猪、狐狸、狼、貂、熊和黄鼠狼等。其中，猪是人类旋毛虫病的主要传染源，鼠是猪旋毛虫病的主要感染来源。包囊幼虫的抵抗力较强，在 −20 ℃时可保持生命力 57 d，当温度高达 70 ℃时才能杀死包囊内幼虫，盐渍和熏烤的方式不能杀死肌肉深部的幼虫，在腐败的肉里能活 100 d 以上。

动物感染旋毛虫病主要是吞食含有包囊幼虫的肌肉或动物，用生的病肉、洗肉水和含有病肉的废弃物喂猪都可引起猪旋毛虫病的感染。人感染旋毛虫病多与食用腌制与烧烤不熟的猪肉制品有关，个别地区有吃生肉或半生不熟的肉的习惯；某些动物的蝇蛆、步行虫或某些动物排出的含有未被消化的幼虫包囊，均可成为感染源。

3. 生活史

成虫与幼虫寄生于同一宿主体内，为胎生。动物和人感染时，先为终末宿主，后成为中间宿主。终末宿主因摄食了含有包囊幼虫的动物肌肉而受感染。包囊在宿主胃内被溶解，释放出幼虫，在十二指肠和空肠内经两昼夜发育成为成虫。雌雄虫交配后，不久雄虫死亡。雌虫钻入肠腺或肠黏膜下淋巴间隙发育经过 7 ～ 10 d 后，产出大量幼虫，一条雌虫可产出 1 000 ～ 10 000 条幼虫，幼虫随淋巴进入血液循环，散布到全身，但只有到横纹肌的幼虫才能继续发育。感染后 21 d 开始形成包囊，每个包囊中一般只有 1 条虫体，偶有多条。到 7 ～ 8 周后发育完全，幼虫呈螺旋状盘曲，此时即有感染力，并有雌雄之分。6 个月后，包囊壁增厚，从两端向中间钙化，全部钙化并波及虫体本身后会导致虫体死亡，否则幼虫可长期生存，保持生命力由数年至 25 年之久。此时的动物为中间宿主。

4. 临床症状

旋毛虫主要对人危害较大，但与感染强度和人体抵抗能力的强弱不同有关，严重感染可造成死亡，而对猪和其他动物致病力较轻。肌旋毛虫寄生时主要表现为急性肌炎、发热和肌肉疼痛；同时，出现吞咽、咀嚼、行走和呼吸困难；眼睑水肿，食欲不振，极度消瘦。严重感染时，动物多因呼吸肌麻痹、心肌及其他脏器的病变而引起死亡。

动物对旋毛虫耐受性较强，家畜感染时往往症状不明显，严重感染初期，表现为食欲不振、呕吐和腹泻等肠炎病状，随后出现肌肉疼痛、步伐僵硬，呼吸和吞咽亦有不同程度的障碍，有时眼睑、四肢出现水肿，很少死亡，4 ～ 6 周后症状逐渐消失。

5. 病理变化

成虫侵入黏膜时，可引起肠炎，严重的出现带血性腹泻，还会产生水肿、黏膜增厚等。肌旋毛虫寄生时引起肌细胞横纹消失、细胞萎缩、肌纤维结缔组织增生。

6. 诊断

生前诊断可采用间接血凝试验和酶联免疫吸附试验等免疫学方法。死后诊断可用肌肉压片镜检法和消化法检查幼虫。

肌肉压片镜检法：取可疑肌肉（最好选用膈肌角）撕去肌膜，顺肌纤维方向剪下米粒大小的肉样 28 粒，使肉粒均匀地排列在玻片上，用另一玻片挤压，置显微镜下检查，发现包囊幼虫即可确诊。在感染早期和轻度感染时，应用此法的检出率不高。

7. 治疗

动物可用甲苯咪唑、氟苯咪唑和丙硫咪唑等。人体可用甲苯咪唑和噻苯唑。在驱虫同时，应对症治疗。

8. 防制

加强肉品卫生检验，凡检出旋毛虫的肉类应按肉品检验规程做无害化处理；猪必须圈养，不用生肉屑和泔水喂猪；改善食肉方法，不食生猪肉或半生不熟的肉类食品；禁止用生肉喂猫、犬等食肉动物；在猪舍内做好灭鼠工作。

5.3　动物蛔虫病

5.3.1　猪蛔虫病

猪蛔虫病是蛔科蛔属的猪蛔虫寄生于猪的小肠内引起的疾病。仔猪感染率较高，主要引起仔猪发育不良，严重的发育停滞，形成"僵猪"，甚至造成死亡。

1. 病原体

猪蛔虫是一种大型虫体。虫体呈中间稍粗、两端较细的圆柱形。活体为淡红色或淡黄色，死后呈黄白色或苍白色。头端有 3 个唇片，呈"品"字形排列，唇之间是口腔，口腔后为食道，呈圆柱形。雄虫长 15 ～ 25 cm，宽约 0.3 cm，尾端向腹面弯曲，有等长的交合刺 1 对，泄殖孔周围有许多小乳突。雌虫长 20 ～ 40 cm，宽约 0.5 cm，尾端较直，生殖孔开口于虫体前 1/3 处后端。

虫卵有受精卵和未受精卵之分。受精卵呈黄褐色，椭圆形，卵壳厚，表面粗糙，高低不平，由四层膜构成，最外层的蛋白膜凹凸不平，受精卵内含未分裂的卵胚。虫卵大小为（50 ～ 75）μm×（40 ～ 80）μm。未受精卵狭长，卵壳薄，多数无蛋白质膜，或有但甚薄，且不规则，大小为 90 μm×40 μm（图 5-2）。

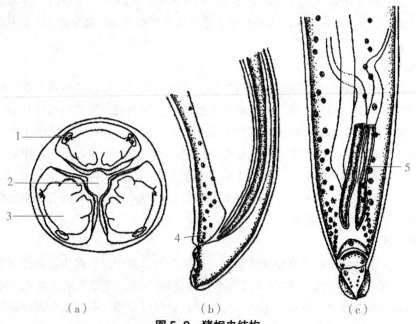

图 5-2　猪蛔虫结构

（a）头部顶面；（b）雄虫尾部；（c）雄虫尾部腹面
1—乳突；2—口孔；3—唇；4—性乳突；5—交合刺

2. 流行病学

本病流行范围广泛，多见于仔猪身上，特别是对于卫生条件差、饲养管理不当的猪场，营养不良的猪群，当饲料中缺乏维生素和矿物质时，猪的感染率较高。主要原因是蛔虫生活史简单，猪可通过吃奶、掘土、采食、饮用水等途径经口感染该寄生虫，此外还可经母体胎盘感染。猪蛔虫是土源性线虫，发育不需要中间宿主；虫体繁殖能力强，产卵数多，虫卵对外界因素的抵抗力强。每条雌虫每天可平均产卵 10 万～20 万粒。受精后的虫卵壳厚，有四层膜，对外界环境变化及外界因素的抵抗力强。卵膜保护胚胎不受外界各种化学物质的侵蚀，保持内部湿度和阻止紫外线透过，加之虫卵的全部发育过程都是在卵壳内进行，使胚胎和幼虫得到了保护。受精后的虫卵对各种化学药物也有较强的抵抗力，常用消毒药的浓度不能杀死虫卵，在夏季阳光直射下，至数日内死亡。蚯蚓为猪蛔虫的贮藏宿主，猪也可由于吞食了含有蛔虫虫卵的蚯蚓而感染。

3. 生活史

猪蛔虫生活史简单，不需要中间宿主。成虫寄生于猪的小肠内，雌虫受精后，产出卵随粪便排至体外，在适宜的温度、湿度和充足的氧气等条件下，在卵内发育为第一期幼虫，蜕变为第二期幼虫，在经过 3～5 周发育为感染性虫卵。猪吞食感染性虫卵后，在小肠内的消化液的作用下，幼虫可脱囊而孵出，钻入肠壁血管，幼虫随血液循环到达肝，在肝内进行第 2 次蜕化，发育为第三期幼虫后随血液经肝静脉、后腔静脉进入心脏和肺动脉穿过肺毛细血管，并进入肺泡停留 5～6 d，在肺泡内进行第 3 次蜕化变成第四期幼虫，虫体继续发育，离开肺泡经细支气管和支气管上行至气管，然后随着宿主咳嗽，随痰液进入口腔，经食道和胃重返小肠，进行第 4 次蜕化，发育为第五期幼虫（童虫），继续在小肠内发育为成虫。虫卵在外界的发育时间为 10～30 d，从虫卵感染猪到成虫成熟需 2～2.5 个月，寄生寿命为 7～10 个月。

4. 致病作用

幼虫阶段与成虫阶段有所不同，幼虫在宿主体内移行时，能造成各组织器官的损伤，从而为微生物打开了侵入门户。移行到肝时，造成肝小点出血及肝细胞的坏死和变性等；主要损害发生在肺，常引起蛔虫性肺炎，出现咳嗽症状。移行到肺泡时，造成肺出血，严重时引起整个肺的出血性炎症，肺泡和细支气管充满血液。当发育到成虫时致病作用减弱，在小肠内的成虫机械性地刺激小肠黏膜，引起疼痛。引起小肠卡他性炎症，大量寄生可阻塞肠道，出现阵发性痉挛性腹痛，甚至造成肠破裂而引起死亡。蛔虫钻入胆管可引起胆道蛔虫症，病猪剧烈腹痛，并发生阻塞性黄疸。

5. 临床症状

多数成年病猪在轻度感染时症状不明显，为带虫者，是蛔虫病的主要传播来源。仔猪感染后症状较严重，主要表现为咳嗽、消化不良、食欲不振、营养不良、被毛粗糙、发育受阻。严重病猪表现为腹痛、下痢、迅速消瘦、贫血、呼吸困难，有时出现神经症状。幼虫移行时，常引起肝脏和肺脏的损伤，以及蛔虫性肺炎，嗜酸性粒细胞增多，有时会伴有荨麻疹和其他神经症状。大量成虫寄生时会堵塞肠管，导致猪因肠破裂而死亡。如果蛔虫幼虫误入

胆管，会造成胆道蛔虫，从而表现出消化障碍、剧烈腹痛、呕吐、黄疸等症状。

6. 病理变化

初期可见肺组织致密，表面有大量出血点及暗红色斑块、坏死灶等。用幼虫分离法检查可在肝、肺和支气管等器官发现大量幼虫。肝组织出血、变性和坏死，肝脏表面形成云雾状蛔虫斑（也称"乳斑"）。小肠卡他性炎症、出血或溃疡。肠破裂时可见有腹膜炎和腹腔内出血。胆道蛔虫时，胆管可见虫体。病程较长者，有化脓性胆管炎或胆管破裂，肝脏黄染和硬变等。

7. 诊断

根据流行病学和临床症状可做初步诊断。进一步确诊可采用直接涂片法或饱和盐水漂浮法检查粪便中有无虫卵。如无虫卵，而患猪有肺炎表现，则可剖检死猪肝肺组织，进行猪蛔虫幼虫的分离，进行确诊。此外，剖检在肠道发现虫体即可确诊。

8. 治疗

可用以下药物进行治疗：

（1）阿维菌素、伊维菌素。对体外寄生虫也有杀灭作用。有效成分剂量为 0.3 mg/kg 或 0.03 mL/kg，内服。预混剂：每天 0.1 mg/kg，连用 7 d。

（2）丙硫咪唑。剂量为 5 ～ 20 mg/kg，口服。

（3）左旋咪唑。剂量为 8 mg/kg，拌入饲料内，喂服。

9. 防制

猪蛔虫为土源性寄生虫，因此规模化养猪场，要定时进行全群猪的驱虫，驱虫后粪便进行无害化处理，确保杀死虫卵；平时要保持猪圈的干燥与清洁，防止蚯蚓的滋生；对断奶仔猪要多给予富含维生素和矿物质的饲料，以增强抗病力；对断奶到 6 个月的仔猪进行 1 ～ 3 次驱虫，对怀孕猪在产前 3 个月进行驱虫；引入猪只时要先进行隔离饲养，进行粪便检查后再混养；常用用具及圈舍应定期用氢氧化钠进行喷洒消毒。

5.3.2　鸡蛔虫病

鸡蛔虫病是禽蛔科禽蛔属的鸡蛔虫寄生于鸡小肠内引起的疾病，是一种常见的寄生虫病，在大群饲养的情况下，发病严重，影响雏鸡的生长发育，甚至引起大批量死亡。

1. 病原体

鸡蛔虫是寄生于鸡体最大的一种线虫，呈黄白色，虫体粗大，头端有 3 个唇片。雄虫长 2.6 ～ 7 cm，尾端有明显的尾翼和尾乳突，并有一个圆形或椭圆形的肛前吸盘；2 根交合刺近于等长。雌虫长 6.5 ～ 11 cm，阴门开口于虫体中部。虫卵呈椭圆形，深灰色，壳厚而光滑，刚排出时内含单个胚细胞。虫卵大小为（70 ～ 90）μm×（47 ～ 51）μm。

2. 流行病学

3 ～ 4 月龄的雏鸡易感染，1 岁龄以上的鸡有一定的抵抗力，通常是带虫者。品种不同易感性也有差异，饲养管理不当或营养不良的鸡群也易感染。鸡饲料中缺乏维生素 A 和 B 族维生素时易遭受感染；蚯蚓可作为贮藏宿主，鸡吞食含有虫卵的蚯蚓也能造成感染；饲养在阴暗潮湿地方的鸡感染蛔虫比较严重。

鸡蛔虫卵对外界的环境因素和消毒药有较强的抵抗力，在阴暗潮湿环境中可生存几个月，但对干燥和 50 ℃以上高温敏感，特别是阳光直射下很快死亡，对寒冷抵抗力也差，在 –5 ～ –4 ℃时，24 h 内死亡。

3. 生活史

鸡蛔虫是直接发育型线虫，不需要中间宿主。雌虫在鸡小肠内产卵，虫卵随粪便排到体外，在适宜的温度和湿度的条件下，经 17 ～ 18 d 发育成感染性虫卵。鸡吞食了感染性虫卵后而感染，幼虫在肌胃和腺胃逸出，钻进肠黏膜发育，重返肠腔，发育为成虫。从感染到发育为成虫需要 35 ～ 50 d，成虫寿命为 9 ～ 14 个月。

4. 临床症状

鸡蛔虫主要危害雏鸡，表现为生长发育不良、精神萎靡、行动迟缓、呆立不动、翅膀下垂、羽毛松乱、鸡冠苍白、黏膜贫血、消化机能障碍，逐渐衰弱而死亡。严重感染时，发生出血性肠炎，表现为粪便带血、贫血。感染后 10 d 左右可致死，成年鸡症状不明显。

5. 病理变化

幼虫侵入肠壁，破坏肠黏膜，引起肠黏膜水肿，破坏肠黏膜、肠绒毛和肠腺，造成出血和发炎，肠壁上形成粟粒大小的结节。成虫寄生数量多时常引起肠阻塞，甚至肠破裂。

6. 诊断

生前用漂浮法检查粪便中有无虫卵，注意与鸡异刺线虫卵的区别，鸡蛔虫卵表面光滑。死后小肠部位剖检找虫体，发现虫体即可确诊。

7. 治疗

可用以下药物进行治疗：枸橼酸哌嗪（驱蛔灵），200 ～ 300 mg/kg，一次口服，对成虫和幼虫都有效；左咪唑，20 mg/kg，一次口服，对成虫和幼虫驱虫率达到 100%；丙硫咪唑，10 ～ 20 mg/kg，一次口服；甲苯咪唑，30 mg/kg，一次口服，对成虫和幼虫都有效。

8. 防制

成年鸡与雏鸡应分群饲养。在鸡蛔虫病流行的地区每年定期驱虫 2 ～ 3 次，以免散布病原；鸡舍和运动场上的粪便要经常清扫，集中堆积发酵处理；鸡舍内的垫草要勤换，换下的垫草也要进行集中无害化处理，饲槽和饮水用具定期消毒；加强饲养管理，饲喂全价饲料，以增强雏鸡的抵抗力。

5.3.3　鸡异刺线虫病

鸡异刺线虫病是由异刺科异刺属的鸡异刺线虫寄生于鸡盲肠内所引起的疾病，又称为盲肠虫病。

1. 病原体

鸡异刺线虫，虫体小呈细线状，白色或淡黄色。头端略向背面弯曲，侧翼向后延伸的距离较长，食道球发达。雄虫长 7 ～ 13 mm，尾部直且末端尖细，泄殖腔前有一个吸盘，以及两根不等长的交合刺。雌虫长 10 ～ 15 mm，尾部细长，生殖孔位于虫体中央略偏后方。虫卵呈椭圆形，灰褐色或淡灰色，卵壳厚且光滑，内含未分裂的胚细胞，大小为（65 ～ 80）μm×（35 ～ 46）μm。

2. 流行病学

各种年龄家禽均有易感性，但营养不良和饲料中缺乏矿物质（尤其是磷和钙）的雏鸡最易感染；虫卵对外界因素的抵抗力较强，在潮湿的环境中可存活 9 个月之久，且耐干燥。蚯蚓为贮藏宿主。

异刺线虫还是鸡组织滴虫的传播者，当鸡体内同时有这两种虫体时，异刺线虫卵还可作为组织滴虫病的病原携带者，组织滴虫可侵入异刺线虫卵内，并随之排出体外。当鸡吞食这种虫卵时，即同时感染鸡组织滴虫。

3. 生活史

异刺线虫在鸡盲肠内产卵，虫卵随粪便排出体外，在适宜的温度和湿度下，约经 2 周发育为含幼虫的感染性虫卵。感染性虫卵随饲料或饮水被鸡吞食进入鸡机体内，在鸡肠道内经过 1 ～ 2 h 后孵出幼虫，幼虫移行到盲肠后，附着在黏膜内，经过一段时间的发育后，重返肠腔，发育为成虫，由感染至虫体成熟需 24 ～ 30 d，成虫寿命约为 1 年。

4. 临床症状

患鸡主要表现为食欲不振或废绝，贫血、下痢，雏鸡发育停滞、消瘦，严重时造成死亡，成年鸡产蛋量下降或停止。雏鸡生长发育不良，逐渐消瘦而死亡。

5. 病理变化

感染初期幼虫侵入盲肠黏膜时，引起盲肠黏膜肿大，肠壁上出现结节，有些出现溃疡症状，剖检时病鸡尸体消瘦，盲肠肿大，肠壁发炎和增厚。

6. 诊断

可采用直接涂片法和饱和盐水漂浮法镜检虫卵，发现虫卵或尸体剖检在盲肠内发现虫体即可确诊。

7. 治疗

可用以下药物进行治疗：枸橼酸哌嗪（驱蛔灵），0.5 g/kg，一次口服，对成虫和幼虫都有效；丙硫咪唑，10 ～ 20 mg/kg，一次口服；甲苯咪唑，30 mg/kg，一次口服，对成虫和幼虫都有效；噻苯唑，50 mg/kg，混于饲料中，口服一次。

8. 防制

同鸡蛔虫病。

5.3.4 牛、羊消化道线虫病

牛、羊消化道线虫病是由许多科、属的线虫寄生于牛、羊等反刍动物消化道内引起的多种线虫病的统称。这些线虫分布广泛，且经常混合感染，造成不同程度的危害，是每年春乏期造成牛、羊死亡的重要原因之一。

1. 病原体

该病在全国各地均有不同程度的发生和流行，尤以西北、东北地区和内蒙古广大牧区更为普遍，常给养殖业带来严重损失。这类线虫在其形态、生态及疾病流行、病理和综合防制上都有许多相同点。

（1）毛圆科。

①血矛属。寄生于皱胃，偶见于小肠。在皱胃中属大型线虫。虫体呈线状，粉红色，头端尖细，口囊小，内有角质背矛。雄虫长 15～19 mm，其交合伞的背肋偏于左侧，呈倒 Y 形。雌虫长 27～30 mm，由于红色的消化管和白色的生殖管相互缠绕，形成红白相间的外观，俗称"麻花虫"。阴门位于虫体后半部，有二拇指状的阴门盖。

虫卵大小为（65～80）μm×（35～46）μm。卵壳薄，新鲜虫卵内含 16～32 个胚细胞。

②毛圆属。寄生于小肠和皱胃。虫体细小，呈淡红色或褐色，缺口囊和颈乳突。排泄孔位于靠近体前端的凹迹内。雄虫交合伞的侧叶大，背叶极不明显，背肋小，末端分小枝。交合刺短而粗，有引器。阴门位于虫体后半部，无阴门盖，尾端钝。

③长刺属。主要为指形长刺线虫，寄生于牛和绵羊的皱胃。虫体呈淡红色，雄虫长 25～31 mm，交合伞有两个舌片状的侧叶；背叶小，长方形，交合刺细长。雌虫长 30～45 mm。

④奥斯特属。寄生于皱胃。虫体呈棕色，又称棕色胃虫，长 4～14 mm。雄虫交合伞由两个大的侧叶和 1 个小的背叶组成。1 对交合刺较短，末端分 2～3 叉。雌虫阴门在体后部，子宫内的虫卵较小。

⑤马歇尔属。寄生于皱胃。与奥斯特属线虫的形态相似，但外背肋和背肋较细长，背肋远端分成两枝，每枝的端部有 3 个小分叉。常见线虫有蒙古马歇尔线虫。

⑥古柏属。寄生于小肠、胰，偶见于皱胃。虫体呈红色或淡黄色，前端角皮膨大，并有许多横纹，雄虫交合伞侧叶大、背叶小；背肋分叉为 U 形，并有侧小分枝；1 对交合刺粗短。常见线虫有等侧古柏线虫和叶氏古柏线虫。

⑦细颈属。寄生于小肠或皱胃，为小肠内中等大小的虫体。虫体前部呈细线状，后部较粗。雄虫交合伞有两个大的侧叶和一个小的背叶；1 对交合刺细长，互相连接，远端包在一个共同的薄膜内。雌虫阴门开口于虫体的后 1/3 或 1/4 处；尾端钝圆，带有 1 小刺。虫卵大，成熟时内含 8 个胚细胞，易与其他线虫卵区别。

（2）食道口科。食道口属虫体，寄生于大肠。虫体较大，呈乳白色。头端尖细，口囊不发达，有内外叶冠及 6 个环口乳突。雄虫交合伞发达，分叶不明显，有交合刺 1 对。雌虫生殖孔开口处有肾状排卵器。由于其幼虫在发育时钻入肠壁形成结节，故又称为结节虫。危害严重的有哥伦比亚食道口线虫、粗纹食道口线虫、辐射食道口线虫、甘肃食道口线虫。

（3）钩口科。仰口属，寄生于小肠，虫体较粗大，前端弯向背面，故有钩虫之称。口囊大，内有齿及切板。雄虫交合伞发达，腹肋与侧肋起于同一总干，背肋系统的分枝不对称；有交合刺 1 对，等长，雌虫阴门位于虫体前 1/3 处的腹面，尾端尖细。

（4）毛尾科。只有毛尾属，寄生于大肠（主要是盲肠）。整个虫体形似鞭子，亦称鞭虫。虫体较大，呈乳白色，前部细长，为其食道部，约占虫体长度的 2/3，后部粗大，为其体部。雄虫后端卷曲，有 1 根交合刺和能伸缩的交合刺鞘。雌虫尾直，末端钝圆，阴门位于虫体粗细交界处。

（5）圆线科。主要是夏伯特属，也称阔口线虫，寄生于大肠。虫体大小近似于食道口线虫；前端有半球形的大口囊，口孔由两圈小叶冠围绕。雄虫交合伞发达，1 对交合刺较细。雌虫阴门靠近肛门。常见线虫有绵羊夏伯特线虫和叶氏夏伯特线虫。

2. 流行病学

虫卵和幼虫在发育过程中与温度和湿度的关系极为密切。捻转血矛线虫比其他毛圆科线虫产卵多。第三期幼虫很活跃，虽不采食，但在外界可以长时间保持其生命力，可抵抗干燥、低温和高温等不利因素的影响；多种线虫幼虫可在牧场越冬。在一般情况下，第三期幼虫可生存 3 个月甚至更长时间。牛、羊粪便和土壤是幼虫的隐蔽场所，感染性幼虫有背地性和向光性反应。在温度、湿度和光照适宜时，幼虫就从牛、羊粪便或土壤中爬到牧草上；当环境不利时又回到土壤中隐蔽，故当牧草受幼虫污染时，土壤为主要来源。

牛、羊消化道线虫，因虫种的不同，其感染性幼虫对外界环境的抵抗力也有差异，因此具有一定的地区性。细颈线虫、马歇尔线虫、奥斯特线虫和夏伯特线虫一般在高寒地带多发，而血矛线虫、仰口线虫和食道口线虫在气候比较温暖的地区较为多见。羔羊和犊牛对多数线虫易感，但食道口线虫往往对 3 月龄以内的羔羊和犊牛感染力低。

3. 生活史

牛、羊消化道线虫从虫卵发育到第三期幼虫的过程基本相似，均属直接发育型线虫。虫卵随宿主粪便排到体外，在适宜的温度和湿度下，经 1 ～ 2 d 从卵内孵出第一期幼虫，再经一周左右蜕皮 2 次，发育为第三期幼虫。但细颈线虫的幼虫在卵内进行两次蜕皮，第三期幼虫才从卵壳内钻出，其发育期长达 4 周左右。牛、羊随吃草或饮水吞食第三期感染性幼虫而被感染，幼虫到达寄生部位后经两次蜕皮，3 ～ 4 周后发育为成虫。

捻转血矛线虫的发育过程是终末宿主吞食了第三期感染性幼虫，在瘤胃内脱鞘，之后到皱胃钻入黏膜，感染后 18 ～ 21 d 发育成熟。

仰口线虫一种途径是经口感染，另外一种途径是经皮肤感染，进入静脉血管，随血液循环到心脏，然后到肺移行到支气管、气管，再被宿主吞咽返回小肠内发育为成虫。

食道口线虫主要经消化道感染。有些虫种（如哥伦比亚食道口线虫）的幼虫进入宿主肠道后，首先钻入肠壁形成结节，在结节内进行两次蜕皮，然后回到肠腔发育为成虫。在宿主体内的发育期为 4 ～ 6 周。

毛尾线虫虫卵随粪便排出到外界，在适宜条件下经 3 ～ 4 周发育为感染性虫卵，宿主经口感染后，幼虫在肠内逸出，吸附肠壁，需经 12 周发育为成虫。

4. 临床症状

急性型少见，因病原种类不同表现各异，常发生于夏末秋初。其主要症状表现为精神沉郁，食欲减退，腹泻、血便等。

慢性型多发生在冬春季节，经常为混合感染，大多数以吸食血液为主。其主要症状是消化障碍，腹泻，有时粪便带血、黏液、脓汁。患畜贫血，可见黏膜苍白，有时下颌及颈下水肿，使羔羊和犊牛发育不良，生长缓慢。

5. 病理变化

各种消化道线虫均不同程度地引起寄生部位黏膜损伤、出血和炎症，影响宿主机体的消化和吸收功能。多数线虫以吸血为主，分泌有毒物质和代谢产物，损伤造血器官使宿主贫血。食道口线虫的幼虫可引起肠壁结节。

6. 诊断

根据临床症状、流行特点、剖检变化及粪便检查虫卵进行综合性判断才能确诊。

7. 治疗

治疗消化道线虫病的药物种类很多，可由虫体种类不同而选择应用。

噻苯唑，牛、羊 30～75 mg/kg；丙硫咪唑，牛、羊 5～10 mg/kg；甲苯咪唑，牛、羊 10 mg/kg；以上药物均应配成混悬液或溶于水中口服。伊维菌素，牛、羊 200 mg/kg，皮下注射或口服。应同时施用，对症治疗。

8. 防制

根据本地区的流行情况，每年春、秋季节各进行一次驱虫；加强饲养管理，避免在潮湿地带和幼虫活跃的时间放牧，减少感染概率；注意饮用水卫生，合理补充维生素和矿物质，提高机体抗病力；全面规划牧场，有计划地轮牧；冬春季节适当给予补饲。

5.3.5 牛、羊肺线虫病

牛、羊肺线虫病是由网尾科网尾属、原圆科多个属的线虫，寄生于反刍动物的肺部所引起的疾病。网尾科的线虫较大，又称大型肺线虫，主要包括胎生网尾线虫和丝状网尾线虫；原圆科的线虫较小，又称小型肺线虫，包括缪勒属、原圆属、囊尾属、刺尾属和新圆属的虫体。

1. 病原体

丝状网尾线虫，寄生于绵羊、山羊、骆驼等反刍动物的支气管，有时见于气管和细支气管。虫体呈细线状，乳白色，口囊小，口缘有 4 片小唇，交合刺 2 根，为多孔性结构，棕黄色或黄褐色，肠管好似一条黑线穿行体内。雄虫长 30 mm，交合伞发达，后侧和中侧肋合而为一，末梢分开；两个背肋末端部有 3 个小分枝。交合刺呈靴形。雌虫长 35～44.5 mm，阴门位于虫体中部附近。虫卵呈椭圆形，内含幼虫。

胎生网尾线虫，寄生于牛、骆驼和多种野生反刍动物的肺泡、支气管和气管内，卵胎生。虫体非常纤小，肉眼勉强见到，雄虫长 40～50 mm，交合伞不发达，中侧肋与后侧肋完全融合，交合刺呈黄褐色，背肋不分枝或仅末端分叉，或有其他形态变化。雌虫长 60～80 mm，阴门靠近体后端，位于虫体中央部分，其表面略突起呈唇瓣状。虫卵呈椭圆形，大小为 84 μm×51 μm，内含第一期幼虫。

2. 流行病学

网尾线虫幼虫耐低温，特别是丝状网尾线虫，通常在 4～5 ℃时，幼虫可以发育，并且可以保持生命力达 3 个月以上。被雪覆盖的粪便，虽在 -40～-20 ℃气温下，其中的感染性幼虫仍不死亡。温暖季节对其生存极为不利，干燥和日光直射可使其迅速死亡，蚯蚓可作为贮藏宿主。胎生网尾线虫的幼虫对低温、干燥抵抗力均强，在中间宿主体内可生存2年之久，喜潮湿、阴雨环境。

3. 生活史

丝状网尾线虫为直接发育型线虫，不需要中间宿主，虫卵产出后，随宿主咳嗽，经气管、细支气管，虫卵混合在痰液进入口腔，被咽下，转入消化道，卵内幼虫多在大肠孵化，孵化出的幼虫（第一期幼虫）随粪便排至体外。在适宜的温度、湿度条件下，1周后，第一期幼虫蜕化后变为感染性幼虫，感染性幼虫被宿主吞食后，幼虫进入肠系膜淋巴结，经淋巴循环到右心，随血液循环到肺发育为成虫。由感染至成虫需2~3周。

胎生网尾线虫属间接发育型线虫，需要中间宿主，中间宿主为多种螺蛳和蛞蝓。第一期幼虫随着粪便排出后，进入中间宿主体内经过 18～49 d 发育为感染性幼虫，感染性幼虫从中间宿主体内逸出或留在体内，被终末宿主吞食后而感染。移行路线同网尾线虫，感染后35～60 d 发育成熟。

4. 临床症状

病畜症状表现为阵发性咳嗽，尤其是清晨和夜间明显。咳出的痰液中含有虫卵、幼虫或成虫。鼻孔中常常排出脓性分泌物，干涸后在鼻孔周围形成痂皮，常打喷嚏，呼吸加快或呼吸困难，体温一般不高。羔羊和犊牛病状严重，发育受阻，甚至死亡。成年动物病状较轻。网尾线虫可引起牛的变态反应性疾病，造成呼吸困难、死亡。

5. 病理变化

幼虫移行期可引起肠黏膜、淋巴结和肺组织的损伤和小的出血点。寄生于支气管和细支气管后，由于刺激作用而引起气管炎和支气管炎，炎症可扩散到支气管周围组织，并引起肺组织萎缩，大量虫体及炎性产物可堵塞支气管和肺泡，从而引起肺膨胀不全，继发细菌感染导致广泛性肺炎。

6. 诊断

根据流行病学特点、临床症状，结合粪便中发现第一期幼虫而确诊。死后剖检时可在支气管内发现虫体和相应病变。

7. 治疗

可用以下药物进行治疗：丙硫咪唑，5～10 mg/kg，内服，效果较好；乙胺嗪，羊100～200 mg/kg，混饲，该药适用于网尾线虫的幼虫，对成虫效果较差，对小型肺线虫也有一定的驱除作用；伊维菌素，0.2～0.3 mg/kg，混于饲料内服，屠宰前14 d 停药；氯乙酰肼，对网尾线虫和部分胎生线虫都有效，但对幼虫和缪勒线虫无效，15 mg/kg，内服。氯乙酰肼安全范围小，牛 300 kg 以上不超过 5 g；羊 25 kg 以上不超过 0.4 g。

8. 防制

可在冬末春初进行预防性驱虫，保持牧场清洁干燥，注意饮用水卫生，加强粪便无害化处理，尽量避免到潮湿和中间宿主多的地方放牧，有条件的可轮牧。

 **项目小结**

　　本项目主要讲述了常见线虫病的病原，病原的形态结构及幼虫、虫卵和中间宿主的形态；分别描述了每种线虫病的生活史、常见的临床症状和病理变化，并强调了诊断方法及防制措施。

 **知识拓展**

李世满：从基层兽医变身学术大咖

　　宁夏吴忠市红寺堡开发区科技特派员李世满。作为科技特派员，他多次在服务村组举办的实用技术培训班上答疑解惑，被老百姓亲切地称为"李老师"，作为专业兽医，他长期深入农户诊治病畜禽，指导动物防疫，是老百姓心中的"李医生"。

　　身为一名执业兽医师，为老百姓诊治病畜禽是李世满工作的主要内容。某年7月的一天，凌晨两点钟，李世满突然被急促的电话铃声吵醒了。城东温某说他家的牛突然发病，产后子宫脱出，请求出诊治疗。他急忙起床，连袜子都没有穿就赶赴现场。不知道多少个夜晚，李世满都是这样走向工作岗位。节假日不得休息，加班时常到深夜，误餐、失眠成为他生活的常事。由于经常晚上接电话出诊，孩子总是埋怨他影响了自己休息及第二天上学，而每次回到家，他的鞋上、衣服上总有一股牛粪的臭味，有时顾不得换洗，就躺下睡着了。家人对他的行为也没少抱怨。李世满却如此劝慰家人："农村是我的舞台，我最大的价值就是给病畜看病，解决老百姓的困难。对我来说，吃点苦受点累不算啥。更何况我是共产党员，不能让老百姓失望。"

　　他入选自治区青年拔尖人才培养工程、学术技术带头人后备人选，获得全国"百佳基层兽医"等荣誉称号，并先后在《中国兽医杂志》等发表学术论文10多篇，被人们尊为"李教授"。

课 后 思 考

一、选择题

1.猪蛔虫成虫在动物体内寄生的部位是（　　　）。

　　A.肾脏　　　　　　　　　B.肝脏　　　　　　　　　C.小肠

　　D.大肠　　　　　　　　　E.肺脏

2.某地的育肥羊，消化功能紊乱，消瘦，结膜苍白，生长缓慢，病程持续时间较长（假设信息）。若该病由捻转血矛线虫引起，合适的粪便检查方法为（　　　）。

　　A.直接涂片法　　　　　　B.虫卵漂浮法　　　　　　C.虫卵沉淀法

　　D.幼虫分离法　　　　　　E.毛蚴孵化法

3.某散养鸡群部分鸡食欲不振、下痢、消瘦，剖检见盲肠有大量线状虫体。如果虫体食道球发达，雄虫交合刺不等长，泄殖腔前有 1 个圆形吸盘，该病原是（　　　）。

  A.鸡蛔虫　　　　　　　　　B.锐形线虫　　　　　　　　　C.异刺线虫

  D.毛细线虫　　　　　　　　E.四棱线虫

4.诊断牛弓首蛔虫病常采用的粪便检查方法是（　　　）。

  A.肉眼观察法　　　　　　　B.饱和盐水漂浮法　　　　　　C.毛蚴孵化法

  D.幼虫分离法　　　　　　　E.粪便培养法

5.通过食用猪肉传染的人畜共患寄生虫病是（　　　）。

  A.绦虫病　　　　　　　　　B.棘球蚴病　　　　　　　　　C.旋毛虫病

  D.血吸虫病　　　　　　　　E.肝片吸虫病

二、思考题

1.简述猪蛔虫的生活史及防制措施。

2.简述旋毛虫的生活史及防制措施。

3.简述反刍动物消化道线虫鉴别要点和寄生部位。

项目6 动物蜘蛛昆虫病

 案例导入

某牛场，肉牛颈部、肩部皮肤奇痒，脱毛，结痂，增厚。刮取皮肤病料进行镜检后，见大量长圆形虫体，4对足均伸出体缘外侧。该病的病原可能是什么？应怎样进行该病的防制？

6.1 蜱螨与昆虫概述

蜱螨和昆虫是指能够致病或传播疾病的一类节肢动物，节肢动物是无脊椎动物，是动物界中种类最多的一门。大多数营自由生活，只有少数危害动物和植物的营寄生生活，作为生物传播媒介传播疾病，主要是蛛形纲和昆虫纲的节肢动物。

6.1.1 节肢动物的形态特征

节肢动物虫体为雌雄异体，虫体左右对称，躯体和附肢（如足、触角、触须等）既分节，又是对称结构；体表骨骼化，由几丁质及醌单宁蛋白质组成的表皮，也称外骨骼，外骨骼与肌肉相连，可做敏捷的动作；循环系统开放式，体腔称为血腔；当虫体变大时则必须蜕去旧表皮产生新表皮，这一过程称为蜕变，发育过程中大都有蜕皮和变态现象。

1. 蛛形纲

虫体呈圆形或椭圆形，头、胸、腹完全融合或分为头胸部和腹部两部分，区分不明显，体表有几丁质硬化而形成的板；虫体分为假头部和躯体两部分，假头部由口器和假头基组成，口器由一对螯肢、一对须肢、一个口下板组成；成虫有足 4 对；有的有单眼，躯体呈卵圆形，体壁革质，躯体背面最明显的构造为盾板，躯体腹面有足、肛门、气门和几丁质板等。

2. 昆虫纲

昆虫身体明显分为头、胸、腹三部分；体表覆有角质外皮，头部有单眼和 1 对复眼、触角 1 对和口器，触角在头部前面两侧。口器是采集器官，由于采食方式不同，形态构造也不同，主要分咀嚼式、刺吸式、舐吸式、刮舐式、刮吸式；胸部分为前胸、中胸、后胸，各胸节的腹面均有分节的足 1 对，中胸和后胸的背侧各有翅 1 对；腹部一般由 8 ～ 11 节组成，末端为生殖器，用气门及气管呼吸，它们大多属于营自由生活。

6.1.2　生活史

节肢动物一般由雌虫、雄虫交配后产生后代，均为卵生，极少数为卵胎生。从卵发育到成虫的整个发育过程中，其形态结构、生理特征和生活习性等方面均产生一系列的变化，这种变化称为变态。其变态可分为完全变态和不完全变态两种。

1. 完全变态（全变态）

在发育过程中经卵、幼虫、蛹和成虫四个阶段，即卵孵化出幼虫，幼虫生长完成后，要经过一个不动不食的蛹期，才能变为有翅的成虫，期间在形态和生活习性上各不相同，这类发育的过程称为完全变态，如蚊、蝇等。昆虫纲虫体在发育过程中都存在蜕皮或变态现象。

2. 不完全变态（半变态）

在发育过程中经卵、幼虫、若虫和成虫四个阶段，无蛹期，即从卵孵化出幼虫，幼虫经若干次蜕皮变为若虫，若虫再经过蜕皮变为成虫，其幼虫期、若虫期及成虫期在形态和生活习性方面基本相似，这一类发育的过程称为不完全变态，如蜱、螨和虱等。

6.2　动物螨病

6.2.1　疥螨病

疥螨病，又称为癞症，是由疥螨科疥螨属的疥螨寄生于动物皮肤内引起的皮肤病。本病的主要症状是剧痒、湿疹性皮炎、脱毛，患部逐渐向周围扩展并具有高度传染性。本病的感染有特异性，偶尔出现交叉感染。

1. 病原体

疥螨，虫体小，呈圆球形，背面隆起，腹面扁平，微黄色，长度为 0.2 ～ 0.5 mm。口器为假头，呈蹄铁形，为咀嚼式，后方有一对粗短的垂直刚毛，肢粗而短，第 3、4 对不突出体缘，雄虫的第 1、2、4 对肢末端有吸盘，第 3 对肢末端有刚毛。雌虫第 1、2 对肢端有吸盘，第 3、4 对肢有刚毛。吸盘柄长，不分节，虫体背面有细横纹、椎突、鳞片和刚毛。虫卵呈椭圆形，大小为 50 μm×100 μm。

2. 流行病学

感染来源是患病动物和带虫动物，通过直接接触而感染，也可通过被污染的用具而间接感染。疥螨可感染羊、牛、猪、马以及各种哺乳动物，但猪和山羊最易感染。有宿主特异性，但有时并不十分严格，存在交叉感染的情况。雌虫产卵数量虽然较少，但发育速度很快，在适宜的条件下 2 ～ 3 周即可完成一个世代。疥螨在动物体上遇到不利条件时可进入休眠状态，休眠期长达 5 ～ 6 个月，此时对各种理化因素的抵抗力强。离开动物体后可生存 2 ～ 3 周，并保持侵袭力。

动物圈舍潮湿、饲养密度过大、皮肤卫生状况不良是导致本病发生的主要诱因。尤其在秋末以后，毛长而密，阳光直射动物时间较少，皮温恒定、湿度增高有利于疥螨的生长繁殖。

3. 生活史

疥螨的生活史属于不完全变态类，一生都寄生在动物体上，发育过程包括卵、幼虫、若虫和成虫四个阶段。雌雄虫交配后，雄虫死亡，雌虫的寿命周期为 4 ～ 5 周。雌虫在宿主皮肤内利用螯肢挖凿隧道，以角质层组织和渗出的淋巴液为食，并在其中产卵，一生可产卵 40 万～ 50 万个。卵经 3 ～ 8 d 孵化出幼虫，幼虫变为若虫，若虫的雄虫经 1 次蜕皮，雌虫经 2 次蜕皮后变为成虫。发育过程需要 2 ～ 3 周。在适宜条件下繁殖能力极强，3 个月可繁殖 6 个世代。条件不利时则停止繁殖，但能长期存活，是导致该病时常复发的原因。

4. 致病作用

疥螨采食时直接刺激或分泌有毒物质，使皮肤发生剧烈的痒感和炎症，由于痒，动物经常摩擦而使患部严重脱毛。病变首先起始于头部、口、鼻、眼、耳部及胸部，然后全身发病。由皮肤出现小丘疹和水疱，后期化脓，变为脓疱；水疱和脓疱破溃，流出渗出液和脓汁，干涸后形成黄色痂皮。随着病情继续发展，破坏毛囊和汗腺，表皮角质化，结缔组织增生，皮肤变厚而失去弹性，形成皱褶和龟裂，脱毛处不利于疥螨的生长发育，虫体便逐渐向四周扩散，导致病变不断蔓延。

5. 临床症状

动物的临床症状表现为烦躁不安，影响采食、休息和消化机能。冬季发生脱毛，体温外散，使脂肪被大量消耗，病畜逐渐消瘦，甚至由于器官衰竭而死亡，是死亡率很高的疾病。疥螨在不同动物的寄生部位有所不同。猪、犬、猫、骆驼易发生疥螨病，病变多在头颈部（但犬和骆驼可扩大至全身）；羊多集中于头部；牛可波及全身；兔多在头部和脚爪部；马可遍及全身。

6. 诊断

根据流行病学、临床症状和皮肤刮下物实验室检查即可诊断。注意与以下症状的鉴别：

（1）虱和毛虱。皮肤病变不如疥螨病严重，眼观检查体表可发现虱或毛虱。

（2）秃毛癣。为界限明显的圆形或椭圆形病灶，覆盖易剥落的浅灰色干痂，痒觉不明显，皮肤刮下物检查可发现真菌。

（3）湿疹。无传染性，在温暖环境中痒觉不加剧，皮屑中无螨。

（4）过敏性皮炎。无传染性，病变从丘疹开始，以后形成散在的小干痂和圆形秃毛斑，病料中无螨。

7. 治疗

对已经确诊疥螨病的动物应该及时进行隔离。在使用以下药物治疗前，应用肥皂水刷洗患部。双甲脒（特敌克）20%乳剂，牛按有效成分 500 mg/L，药浴或淋浴。溴氰菊酯（倍特）50～100 mg/L，喷淋。螨净 60～80 mg/L，喷淋。阿维菌素、伊维菌素，牛、羊 0.2 mg/kg，猪 0.3 mg/kg，一次口服，重者隔 7～10 d 再用一次。10% 硫黄软膏，涂在患部，每天重复一次，连用数天。如果瘙痒严重，可使用皮质激素类药物或抗组胺类药物，如皮肤开裂，应使用抗生素，以防细菌感染。

定期药浴是羊饲养管理的重要环节，是预防和治疗羊体外寄生虫病（疥螨、痒螨、虱子、蜱）的主要方法之一。山羊在抓绒后，绵羊在剪毛后是药浴的最佳时间。根据养羊规模和药液利用的方式，可分为池浴、淋浴、盆浴、喷浴等，但无论采用何种方式，在第一次药浴后 8～10 d 再进行一次，效果更好。药浴液可用 0.05% 双甲脒溶液、0.05% 溴氰菊酯（倍特）溶液、0.05% 蝇毒磷水乳液、0.025% 敌匹硫磷（螨净）溶液等。药浴液的温度一般以 30~37 ℃为宜。药浴时所需的药浴液量，每只羊所需药液不低于 2.5L。药浴时需要注意选择晴朗无风之日的上午；药浴前对羊进行检查，病羊、身上有伤及妊娠 2 个月以上的羊不能药浴；药浴前 8 h 应停止放牧和饲喂，入浴前 2～3 h 让羊饮足水，以防羊口渴误饮药液；为防止羊中毒，大群羊药浴时，先用体质较差的 2～3 只羊进行试浴，确定药液安全后，再按计划组织药浴；公羊、母羊和大羔羊要分别入浴，以免相互碰撞而发生意外；浴后要注意观察，羔羊因毛较长，药液在毛丛中存留时间长，药浴后 2～3 d 仍可发生中毒现象，若发现中毒，要立即抢救；哺乳母羊在药浴后 2 h 内不得母仔合群，防止羔羊哺乳时中毒；药浴结束后，药液不能随意倾倒，应清出深埋，以防动物误食中毒。

8. 防制

定期进行畜群检查和灭螨工作，动物栏舍要保持干燥，光照充足，通风良好；动物群密度适宜；引进动物要进行严格的临诊检查，疑似动物应尽早确诊，并隔离治疗；被污染的栏舍及用具用杀螨剂处理；羊群应在剪毛后 7 d 进行药浴。

6.2.2　痒螨病

痒螨病是由痒螨科痒螨属的痒螨寄生于动物皮肤表面引起的一种皮肤病。痒螨多寄生于绵羊、牛、马、兔等动物，有宿主特异性，互相不发生交叉感染。

1. 病原体

痒螨（图6-1），呈椭圆形，大小为0.5～0.8 mm，肉眼可见。口器长，呈圆锥状刺吸式。足细长，末端有带柄的吸盘，雌虫第1、第2、第4对肢和雄虫第1、第2、第3对肢的末端有吸盘。4对足均突出虫体边缘。虫体腹面后部有一对交合吸盘，尾端有个尾突，其上有数根刚毛。虫卵呈灰白色、椭圆形，卵内含有不均匀的卵胚或已形成幼虫。

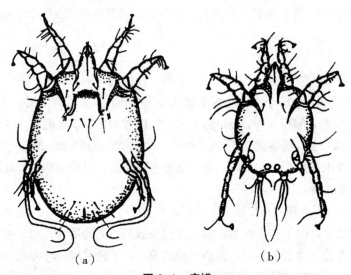

图6-1　痒螨

（a）雌虫；（b）雄虫

2. 流行病学

与疥螨相似，但有严格的宿主特异性。主要经接触传播。痒螨病多发生于秋、冬季节，但夏季有潜伏型的痒螨病，病变比较干燥，常见于肛门周围、阴囊、包皮、胸骨处。

3. 生活史

痒螨寄生于动物体表有毛部位的皮肤表面，被毛稠密的长毛处更多，吸取宿主的组织液和淋巴液为营养。发育过程与疥螨相似。整个发育过程都在宿主体表进行，雌螨在皮肤表面产卵，一生约产卵40个，条件适宜时，整个发育过程需要2～3周，当条件不利时，可转入5～6个月的休眠期，以增加对外界的抵抗力。

4. 临床症状

绵羊、牛、兔和犬均可发病，其中以绵羊、牛和兔痒螨多见。

绵羊：多发生于毛厚部位和耳壳背面，先发生于背、臀部，后蔓延体侧至全身。皮肤出现丘疹、小水疱、脓疱、结痂、脱毛、皮肤变厚等一系列典型症状。随着病情的发展，绵羊逐渐消瘦、贫血，寒冷季节可导致大批死亡。

牛：主要发生于颈部、肩、角根及尾根部，后期可蔓延至全身。症状与绵羊相似。

兔：主要发生于外耳道，引起外耳道炎，症状表现为耳分泌物增多，干涸结痂，耳变形下垂，剧痒，经常频频摇头。

犬：主要发生于外耳道，引起大量的耳脂分泌。初期会有褐色分泌物，后期有时会堵塞耳道。病犬经常摇头，搔抓或摩擦耳部，造成淋巴液外渗或出血，甚至会引起血肿。

5. 诊断

根据流行病学和临床症状可初步诊断。必要时，可从皮肤刮下病料进行实验室检查，发现痒螨即可确诊。

应与疥螨做区别诊断：疥螨多发生于皮肤薄、被毛稀少的部位，痒螨多发生于被毛长而稠密的部位；疥螨病患病渗出物少，痒螨病患病渗出物多；痒螨比疥螨更容易造成脱毛。

6. 防制

同疥螨病。

6.2.3 蠕形螨病

蠕形螨病，又称毛囊虫病，是由蠕形螨科蠕形螨属的各种蠕形螨寄生于动物和人的毛囊及皮脂腺内引起的疾病。各种蠕形螨都具有宿主专一性，动物和人都有其固定的虫种，互不交叉感染。

1. 病原体

虫体细长呈蠕虫状，半透明乳白色。体长 0.1 ～ 0.4 mm。虫体由头、胸、腹三部分组成。头部呈不规则的四边形，其上有由须肢、螯肢和口下板组成的口器。胸部有四对分为三节的短足。腹部窄长，表面具有明显的环形皮纹。雄虫背面有突起的雄茎，雌虫腹面有阴门（图6-2）。

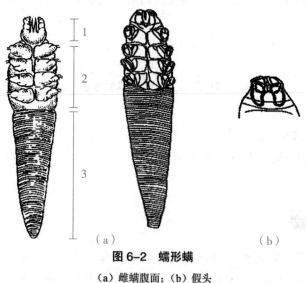

图6-2 蠕形螨

（a）雌螨腹面；（b）假头

1—颚体；2—足体；3—末体

2. 流行病学

犬、牛、猪、绵羊、马均可发生蠕形螨病，其中以犬、猪、牛易发。

3. 生活史

蠕形螨属于不完全变态，整个发育包括卵、幼虫、两期若虫和成虫阶段，全部在宿主体上发育。雌虫在毛囊或皮脂腺内产卵，卵无色半透明，呈蘑菇状，卵孵出 3 对足的幼虫，幼虫蜕皮变为有 4 对足的前若虫，再蜕皮变为若虫，再蜕皮变为成虫。全部发育期为 25～30 d。

4. 临床症状

大多发生于头部及腿部，重者可蔓延至躯干。患部脱毛，发生皮炎、皮脂腺炎和毛囊炎。

牛：多发生于头、颈、肩、背、臀等处，形成粟粒至核桃大疖疮，内含淀粉状或脓样物，皮肤变硬、脱毛。

猪：多发生于眼周围、鼻和耳根，后向其他部位蔓延。病变部有大小不等的结节或脓疱，皮肤增厚、粗糙、皲裂。

绵羊和山羊：多发生于耳、头顶及其他皮肤细嫩部位。皮脂腺分泌物增多，形成粉刺、脓疱，被毛脱落，局部溃疡。

犬：病变主要发生于头部、眼睑和腿部，开始常为鳞屑型，患部脱毛，皮肤增厚，发红并有糠皮状鳞屑，随后皮肤变淡蓝色或红铜色。当化脓菌侵入时，发展为脓疱型，流出脓汁和淋巴液，干涸后成为痂皮，重者因贫血和中毒而死亡。

5. 诊断

根据临床症状、皮肤结节和镜检脓疱内容物发现虫体即可确诊。

6. 防制

对患病动物进行隔离治疗。栏舍用二嗪农等喷洒处理。治疗时先对患部做剪毛、清痂处理。患病部位可用 14％碘酊或 5％甲醛溶液药物涂擦或畜体喷洒敌匹硫磷、溴氰菊酯等，也可进行药浴。

6.3　动物蜱病

蜱分为硬蜱和软蜱，是危害较大的一类吸血外寄生虫，绝大多数寄生于哺乳动物体表，少数寄生在鸟类、爬行类及两栖类动物体。它们是许多病原微生物和寄生虫的传播媒介和保虫宿主。

6.3.1　硬蜱

硬蜱是指硬蜱科的各种蜱，又称扁虱或牛虱，俗称草爬子、草瘪子、马鹿虱等。硬蜱科中有 9 个属，与动物医学有关的有硬蜱属、血蜱属、璃眼蜱属、革蜱属、牛蜱属、扇头蜱属、花蜱属 7 个属。

1. 病原体

硬蜱呈椭圆形，红褐色或灰褐色，背腹扁平，吸饱血后胀大如赤豆或蓖麻籽状，大者可长达 30 mm。虫体分为假头部和躯体部。

假头部平伸于身体的前端，由 1 个假头基、1 对须肢、1 对螯肢和 1 个口下板组成，假头基部的形状因种属不同而异。须肢位于假头基前方两侧，分 4 节，在吸血时起固定和支撑螯体的作用。螯肢位于须肢之间，可从背面看到，是刺割器官。口下板位于螯肢的腹面，与螯肢合拢为口腔，在腹面有呈纵列的逆齿，在吸血时有穿刺与附着的作用。

躯体部由盾板、眼、缘垛、足、生殖孔、气门板、肛沟、腹板组成。盾板在虫体背面，雄虫盾板几乎覆盖整个背面，雌虫仅覆盖背面的前方。硬蜱有些属有 1 对眼，位于盾板的侧缘。硬蜱有些属躯体后缘具有方块形的缘垛；通常 11 个，正中间的一个有时较大，色淡而明亮，称为中垛。躯体腹面前部正中有一横裂的生殖孔，在其两侧有 1 对向后伸展的生殖沟。肛门位于后部正中，通常有肛沟围绕肛门的前方或后方，有气门板 1 对，位于第 4 对足基节的后外侧，其形状因种而异，是分类的重要依据；有些属的硬蜱雄虫腹面有腹板，其数量、大小、形状和排列状况在分类上具有重要意义。成虫和若虫有 4 对足，幼虫为 3 对。足由 6 节组成，基节固定于腹面，其后缘常裂开，延伸为距，其有无和大小是重要的分类依据。第 1 对足接近端部背缘有哈氏器，为嗅觉器官（图 6-3）。

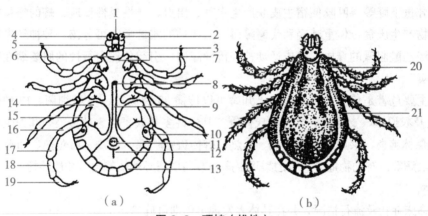

图 6-3 硬蜱（雄性）

（a）腹面；（b）背面

1—口下板；2—须肢第四节；3—须肢第一节；4—须肢第三节；5—须肢第二节；6—假头基；7—假头；8—生殖孔
9—生殖沟；10—气门板；11—肛门；12—肛沟；13—缘垛；14—基节；15—转节；16—股节
17—胫节；18—前跗节；19—跗节；20—颈沟；21—侧沟

2. 流行病学

蜱的分布与气候、地势、土壤、植被和宿主等有关，各种蜱均有一定的地理分布区。蜱类的活动有明显的季节性。蜱的产卵数量因种类不同而不同，一般可产卵数千枚。硬蜱具有较强的耐饥饿能力。

3. 生活史

发育过程需要经过 4 个阶段，即卵、幼虫、若虫、成虫，属于不完全变态。雌、雄蜱成虫在宿主体表上完成交配后，雄虫即死亡，而雌虫在吸饱血后离开宿主，落到地上，钻入隐蔽的墙壁、石下、草木茎叶等处，经过 1 ～ 4 周开始产卵。卵呈椭圆形，黄褐色或淡红色，胶着成团。每一雌虫可产卵数千枚，产卵后死亡。卵经 2 ～ 4 周孵化为幼虫。幼虫有肢 3 对，无呼吸孔和生殖孔。幼虫侵袭家畜后，吸家畜的血，再经过相当长的时间，蜕皮发育为若虫。若虫较幼虫大，有肢4对，有呼吸孔，但无生殖孔。若虫需吸血，再蜕皮，发育为成虫。硬蜱完成一代生活史所需时间由2个月至3年不等。在蜱的整个发育过程中，需有2次蜕皮和3次吸血期。根据硬蜱在吸血时是否更换宿主可分为以下3种类型。

（1）一宿主蜱。蜱在一个宿主体上完成幼虫至成虫的发育，成虫吸饱血后才离开宿主落地产卵，如微小牛蜱。

（2）二宿主蜱。整个发育过程在两个宿主体上完成，即幼虫在宿主体上吸血并蜕皮变为若虫，若虫吸饱血后落地，蜕皮变为成虫后再侵袭第二个宿主，在第二个宿主体吸血，交配后落地产卵，如某些璃眼蜱。

（3）三宿主蜱。两次蜕皮在地面上完成，而三个吸血活跃期更换三个宿主，如硬蜱属、血蜱属和花蜱属等所有种，革蜱属、扇头蜱中的多数种及璃眼蜱属中的个别种。

4. 致病作用与临床症状

硬蜱可以寄生于多种动物，也可侵袭人体。直接危害是吸食血液，并且吸食量很大，雌虫饱食后体重可增加50～250倍。大量寄生时可引起动物贫血、消瘦、发育不良、皮毛质量降低及产乳量下降等。叮咬使宿主皮肤产生水肿、出血、急性炎性反应。蜱的唾腺能分泌毒素，使动物产生厌食、体重减轻和代谢障碍。某些种的雌蜱唾腺可分泌一种神经毒素，它能抑制肌神经乙酰胆碱的释放，造成运动神经传导障碍，引起急性上行性的肌萎缩性麻痹，称为"蜱瘫痪"。

蜱的主要危害是传播多种疾病，已知蜱可以传播83种病毒、15种细菌、17种螺旋体、32种原虫及衣原体、支原体、立克次氏体等，其中许多是人畜共患的传染病和寄生虫病的病原体，如森林脑炎、莱姆病、出血热、Q热、蜱传斑疹伤寒、鼠疫、野兔热、布鲁氏菌病、牛羊梨形虫病等。对动物危害严重的梨形虫病和泰勒虫病必须依赖硬蜱才能传播。

5. 诊断

根据临床症状及流行情况，并在其体表发现虫体即可确诊。

6. 防制

消灭硬蜱可采取以下措施。

（1）动物体灭蜱。在蜱活动季节，发现蜱时将蜱体与皮肤垂直拔出，集中杀死。对于小动物或人，如有口器断入皮内，需要进行消毒处理，严重时需要手术取出。

（2）药液喷洒。可用2%敌百虫、0.2%马拉硫磷、0.2%辛硫磷、0.25%倍硫磷喷洒畜体，剂量为大动物每头500 mL，小动物每头200 mL，每隔3周喷洒1次。

（3）药浴。可用0.1%马拉硫磷、0.1%辛硫磷、0.05%毒死蜱、0.05%地亚农等药浴。

（4）栏舍灭蜱。对墙壁、地面、饲槽等小孔和缝隙撒杀蜱药剂，堵塞后用石灰乳粉刷。可用0.05%～0.1%溴氰菊酯（倍特）、1%～2%马拉硫磷、1%～2%倍硫磷向栏舍喷洒。

（5）自然界灭蜱。改变有利于蜱生长的自然环境，如翻耕牧地，清除杂草、灌木丛，在严格监督下烧荒等。

对引进的动物要进行严格的检查和灭蜱处理，从而防止外来动物带入蜱。

6.3.2　软蜱

1. 病原体

虫体扁平，卵呈圆形，前端狭窄。与硬蜱的主要区别是背面无盾板，呈皮革样，上有乳头状或颗粒状结构；或具皱纹、盘状凹陷；假头在前部腹面，从背面不易见到，无孔区；须肢较长且游离；口下板不发达；腹面无几丁质板。与动物医学有关的有锐缘蜱属和钝缘蜱属（图 6-4）。

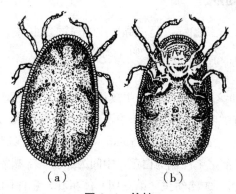

（a）　　　　（b）

图 6-4　软蜱

（a）背面；（b）腹面

2. 流行病学

软蜱宿主范围广，一般是晚上活动，白天隐藏在圈舍等隐蔽场所，吸食时间较短，只有在吸血时才会入侵宿主。寒冷天气，软蜱一般不产卵，一生产卵多次，共可产 1 000 多枚。软蜱必须吸一次血后才能产卵，再吸血后第 2 次产卵。软蜱的耐饥饿能力极强，有时可达 5～10 年。对干燥的环境有极强的适应能力，寿命有时可达 15～25 年。

3. 生活史

软蜱的生活史包括卵、幼虫、若虫和成虫。由卵孵出的幼虫，经吸血后蜕皮变为若虫，若虫蜕皮次数随种类不同而异，一般为 1～4 期，最多可达 5～7 期，由最后一期若虫蜕皮变为成虫。软蜱只在吸血时才到动物体上，吸血后落地，吸血多在夜间进行。整个发育期为 4～12 个月。

4. 临床症状

软蜱吸血后可使宿主消瘦、贫血、生产能力下降、软蜱性麻痹，甚至死亡。波斯锐缘蜱是鸡立克次氏体和鸡螺旋体的传播媒介，也可传播羊泰勒虫病、无浆体病、布鲁氏菌病和野兔热等。

5. 诊断

根据临床症状及流行情况，在宿主体表发现虫体即可确诊。

6. 防制

同硬蜱。

6.4　三蝇蚴病

6.4.1　牛皮蝇蚴病

牛皮蝇蚴病，又称为牛皮蝇蛆病，是皮蝇科皮蝇属的幼虫寄生于动物皮下组织所引起的疾病。主要感染牛，偶尔可寄生于马、驴、野生动物和人。

1. 病原体

病原体主要是牛皮蝇和纹皮蝇。其中以牛皮蝇为常见。两种蝇形态相似，外形如蜂。有足 3 对及翅 1 对，体表被有绒毛，复眼不大，有 3 个单眼，触角无分枝，口器退化。

（1）牛皮蝇（图 6-5）。成虫体长约 15 mm。头部绒毛呈浅黄色，胸部前端和后端绒毛为淡黄色，中段为黑色；腹部绒毛前端为白色，中间为黑色，末端为橙黄。虫卵呈淡黄白色，有光泽，长圆形，一端有柄。成熟幼虫（第三期）体粗壮，色泽随虫体成熟由淡黄色、黄褐色变为棕褐色，长约 28 mm，分 11 节，背面较平，体表有许多结节和小刺，最后两节背腹均无刺，口器前端较尖，无口钩，虫体后端较齐，有 2 个气门，气门板呈漏斗状。

（2）纹皮蝇。成虫体长约 13 mm，胸部绒毛呈灰白或淡黄色，并具有 4 条黑色纵纹；腹部绒毛前端为灰白色，中间为黑色，末端为黄色。第三期幼虫体长约 26 mm，最后一节无刺。

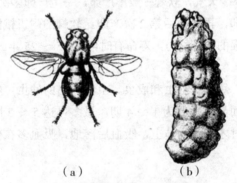

（a）　　　　　　　（b）

图 6-5　牛皮蝇及第三期幼虫

（a）牛皮蝇；（b）第三期幼虫

2. 流行病学

感染来源为牛皮蝇和纹皮蝇，主要流行于我国西北、东北及内蒙古地区。主要经皮肤感染，多在夏季发生感染。牛皮蝇产卵主要在牛的四肢上部、腹部及体侧被毛上，一般每根毛上黏附 1 枚，有时也感染马、驴及野生动物。纹皮蝇产卵于后肢球节附近、前胸及前腿部，每根毛上可黏附数枚至 20 枚虫卵。一个雌蝇一生可产卵 400 ～ 800 枚。

3. 生活史

发育过程需要经过虫卵、幼虫、蛹和成虫四个阶段，属于完全变态，成虫营自由生活，不叮咬动物。一般多在夏季出现，在晴朗无风的白天，雌雄交配后，雄蝇死亡，雌蝇侵袭动物产卵，产卵后死亡，成蝇仅生存 5 ～ 6 d。

卵经 4 ～ 7 d 孵出第一期幼虫，幼虫经毛囊钻入皮下。牛皮蝇第二期幼虫沿外围神经的外膜组织移行，2 个月后到椎管硬膜的脂肪组织中，在此停留 5 个月，然后通过椎间孔到达腰背部皮下，蜕皮变为第三期幼虫，在皮下形成指头大的瘤状突起，上有长度 0.1 ～ 0.2 mm 的小孔。第三期幼虫长大成熟后，离开牛体入土中化蛹，经 1 ～ 2 个月羽化为成蝇。整个发育期约为 1 年。纹皮蝇发育也基本如此，但第二期幼虫寄生在食道壁上。

4. 临床症状

成虫虽不叮咬牛，但雌蝇飞翔产卵时引起牛恐惧不安，影响采食和休息，日久则消瘦，尤其是牛皮蝇产卵时突然冲向牛体，牛因惊恐而奔跑，造成跌伤或流产。

幼虫钻入皮肤，引起皮肤痛痒，精神不安。幼虫在体内移行，造成移行部组织损伤。特别是第三期幼虫在背部皮下时，引起局部结缔组织增生和皮下蜂窝组织炎，有时细菌继发感染可化脓形成瘘管，流出脓汁。幼虫钻出后皮孔愈合，虽可形成瘢痕，但影响皮革价值。患畜消瘦，肉质降低，乳牛产乳量下降。当幼虫破裂时，可发生变态反应，出现流汗、乳房及阴门水肿、气喘、腹泻、口吐白沫等症状，重者死亡。个别幼虫误入延脑或大脑处寄生，可引起神经症状，甚至导致死亡。

5. 诊断

根据临床症状和流行病学进行综合诊断。幼虫出现于背部皮下时，易于诊断。在牛背部皮肤上可触诊到隆起，上有小孔，用力挤压，可挤出虫体即可确诊。夏秋季节被毛上存在虫卵，牛皮蝇多单个附着于被毛上；纹皮蝇卵成排附着，可作为诊断的依据。

6. 治疗

可用以下药物进行治疗：蝇毒磷，4% 溶液，0.3 mL/kg；皮蝇磷，8 % 溶液，0.33 mL/kg，浇注。倍硫磷，4 ～ 7 mg/kg，臀部肌肉注射，该剂量相当于每头成牛 1.5 ～ 2 mL、育成牛 1 ～ 1.5 mL、犊牛 0.5 ～ 1 mL 倍硫磷原液。或用 20% 乳油背部浇注，剂量为 200 kg 以上用 12 mL。伊维菌素、阿维菌素，按 0.2 mg/kg，一次口服。

7. 防制

消灭牛体内的幼虫具有重要作用，可以减少幼虫的危害，并防止化蛹而发育为成蝇，可以用药液沿背线浇注。在流行地区，可在 4 ～ 11 月进行浇注，而 12 月至翌年 3 月因幼虫在食道或脊椎，幼虫在该处死亡后可引起局部严重反应，故此期间不宜用药。

6.4.2　羊鼻蝇蛆病

羊鼻蝇蛆病，又称羊鼻蝇蛆病，是由鼻蝇科鼻蝇属的羊鼻蝇幼虫寄生于羊的鼻腔及其附近的腔窦中引起的疾病。主要危害绵羊，其次为山羊，有时也可感染鹿和人。

1. 病原体

羊鼻蝇，又称为羊狂蝇。成虫体长 10 ～ 12 mm，淡灰色，略带金属光泽，头大呈黄色，两复眼小且相距较远，口器退化，翅透明。胸部为灰黄色，有 4 条不明显的黑色纵纹。腹部有银灰色与黑绿色斑点。第三期幼虫体长 30 mm，前端尖，有两个黑色口钩，腹面扁平，上有多排小刺。背面隆起，无刺，成熟后各节上具有深褐色横斑。虫体后端平齐，其上有 2 个气门板（图 6-6）。

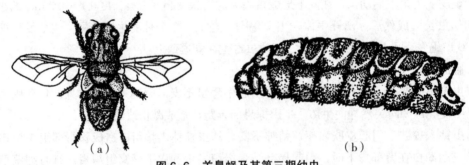

（a）　　　　　　　　　　　　　　　　　　　　　　（b）

图 6-6　羊鼻蝇及其第三期幼虫

（a）羊鼻蝇；（b）第三期幼虫

2. 流行病学

感染来源为羊鼻蝇。主要经鼻孔感染。在我国西北、内蒙古、华北和东北地区较为多见。

3. 生活史

成蝇每年温暖季节出现，尤以夏季为多，成蝇营自由生活，不采食，交配后雄蝇死亡。雌蝇在晴朗无风天气中飞翔，突然冲向羊鼻孔，将幼虫产于鼻孔，一次产幼虫 20 ～ 40 个，然后立即飞走，数天内产 500 ～ 600 个。幼虫迅速爬入鼻腔并向深部移行，在鼻腔、副鼻窦内经两次蜕皮变为第三期幼虫。第三期幼虫由鼻腔深部向浅部移行。随喷嚏落于地面，钻入土中化为蛹，1 ～ 2 个月羽化为成蝇，成蝇寿命为 2 ～ 3 周。在北方每年仅繁殖 1 代，而在温暖地区，则可每年繁殖 2 代。

4. 临床症状

成虫侵袭羊群产幼虫时，羊群骚动惊慌不安，互相拥挤，频频摇头，低头奔跑，或将鼻孔抵于地面，或将头藏于其他羊腹下或腿间，严重干扰羊的采食和休息。

当幼虫进入鼻腔后，以体表小刺和口钩刺激损伤鼻黏膜，引起浆液性、化脓性鼻炎或副鼻窦炎或出血，鼻液干涸形成鼻痂，堵塞鼻孔，造成呼吸困难。病羊表现出打喷嚏、摇头、摩擦鼻部、眼睑浮肿、流泪、食欲不佳、日渐消瘦。数月后病状逐渐减轻，但到第三期幼虫时，虫体增大变硬，并向鼻孔移行，病状又有所加剧。个别幼虫可进入颅腔损伤脑膜而引起神经症状，病羊表现为运动失调，出现旋转运动，即"假性回旋症"，最终可死亡。

5. 诊断

根据发病季节、临床症状和死后剖检见到幼虫即可确诊。早期诊断可用药液喷入鼻腔，收集鼻腔喷出物，发现死亡幼虫即可确诊。出现神经症状时，应与羊多头蚴和莫尼茨绦虫病加以区别。

6.治疗

早期化学预防可杀死第一期幼虫，根据当地气候条件决定用药时间，一般在 9 ～ 11 月进行。

鼻腔内注射药液：可使用 0.1％～ 0.2％辛硫磷、0.03％～ 0.04％巴胺磷、0.012％氯氰菊酯水乳液，用注射器分别向羊每侧鼻腔内喷射 10 ～ 15 mL，两侧喷药间隔时间为 10 ～ 15min，对杀灭羊鼻蝇蛆虫的早期幼虫有效。氯硝柳胺：5 mg/kg，口服，或 2.5 mg/kg，皮下注射，可杀死各期幼虫。

6.4.3　马胃蝇蛆病

马胃蝇蛆病，又称马胃蝇蛆病，是由双翅目胃蝇科胃蝇属的各种马胃蝇幼虫寄生于马属动物的胃肠道内所引起的寄生虫病。

1.病原体

我国常见的马胃蝇有 4 种，即肠胃蝇、红尾胃蝇、鼻胃蝇和兽胃蝇。马胃蝇成虫自由生活，形似蜂，全身密布有绒毛。口器退化，两复眼小而远离。触角小，翅透明，有褐色斑纹或不透明呈烟雾色。雌蝇尾部有较长的产卵管，并向腹下弯曲，雄蝇尾端钝圆。蝇卵呈浅黄色或黑色，前端有一斜的卵盖。第三期幼虫呈柱状，红色、红黄色或黄色。前端较尖，有 1 对坚硬的口前钩，虫体由 11 节构成，每节前缘有刺 1 列或 2 列。末端较齐平，有 1 对后气门。

2.流行病学

本病主要发生于马属动物，偶尔感染犬、兔、猪和人。养马地区可流行，干旱、炎热的气候、饲养管理不好及马匹消瘦等因素有利于发病。成蝇活动的季节多在 5 ～ 9 月，在 8 ～ 9 月最为旺盛。

3.生活史

马胃蝇的发育过程需要经过卵、幼虫、蛹和成虫四个阶段，属于完全变态，成蝇营自由生活，每年完成 1 个生活周期。肠胃蝇成虫在自然界交配后，雄虫死亡，雌虫产卵于马的被毛上。卵经 5 ～ 10 d 孵化为第一期幼虫，幼虫逸出，在皮肤上爬行，引起痒感，马啃咬时被食入。第一期幼虫在口腔黏膜下或舌的表面组织内寄生 3 ～ 4 周，经 1 次蜕化变为第二期幼虫，移入胃内，以口前钩固着在胃和十二指肠黏膜上寄生，再次蜕化变为第三期幼虫。到翌年春季幼虫发育成熟，自动脱离胃壁随粪便排出体外，落到地面土中化为蛹，经 1 ～ 2 个月羽化为成蝇。其他胃蝇的发育过程与此相似。

各种马胃蝇成虫产卵的部位各异。肠胃蝇产卵于前肢球节及前肢上部、肩胛等处；红尾胃蝇产卵于口唇周围和颊部；鼻胃蝇产卵于下颌间隙；兽胃蝇产卵于地面植物叶片上。

4.临床症状

马胃蝇第一期幼虫以口前钩损伤口腔和舌黏膜，引起炎性水肿，甚至溃疡。病马表现为咀嚼、吞咽困难，咳嗽、流涎、打喷嚏。幼虫移行至胃及十二指肠后，由于对胃黏膜的损伤和吸食血液，引起胃壁水肿、发炎和溃疡，胃运动和消化机能障碍，出现慢性胃肠炎、出血性胃肠炎等，表现为食欲减退、消化不良、贫血、消瘦、腹痛等，甚至逐渐衰竭死亡。如寄生于直肠时表现为排粪频繁或努责，幼虫刺激肛门时病马摩擦尾部，引起尾根和肛门部擦伤和炎症。

5. 病理变化

病马胃黏膜被幼虫叮咬部位呈火山口状，甚至引起胃穿孔和较大血管损伤及继发细菌感染。

6. 诊断

本病症状主要以消化紊乱和消瘦为主，应结合流行特点做出初步诊断。夏季可检查马体被毛上有无马胃蝇卵。检查口腔及咽部有无第一期幼虫或粪便中有无第三期幼虫，必要时可用药物进行诊断性驱虫；尸体剖检在胃、十二指肠或喉头等处找到幼虫即可确诊。

7. 治疗

可用以下药物进行治疗：二硫化碳，剂量为成年马 20 mL，2 岁内幼驹 9 mL，分早、中、晚 3 次给药，每次 1/3，用胶囊或胃管投服。投药前 2 h 停喂，投药后最好停止使役 3 d。本药能驱除全部幼虫。孕马、病马、虚弱马忌用。

6.5　其他昆虫病

6.5.1　虱

虱属于虱目和食毛目，是哺乳动物和禽、鸟类体表的永久性寄生虫，常有严格的宿主特异性。

1. 病原体

虱体扁平，分头、胸、腹，无眼，胸部有 3 对粗短足，主要有以下几种。

（1）血虱（图 6-7）。背腹扁平，体长 1～5 mm，头部较胸部窄，呈圆锥形；触角短，由 3～5 节组成；口器为刺吸式。主要有虱目血虱科血虱属的猪血虱、牛血虱、水牛血虱、马血虱和颚虱科颚虱属的牛颚虱、绵羊颚虱等。

（2）毛虱。体长 0.5～5 mm，头比胸宽，触角 3 节，口器为咀嚼式，以啮食毛、皮屑为主。主要有食毛目毛虱科毛虱属的牛毛虱、绵羊毛虱、山羊毛虱和马毛虱。

（3）羽虱（图 6-8）。体长 0.5～1.0 mm，体形扁而宽或细长形。头比胸宽，触角 3～5 节，口器为咀嚼式。主要有食毛目长角羽虱科长角羽虱属的广幅长羽虱、鸡圆羽虱属的鸡圆羽虱、禽羽虱科羽虱属的鸡羽虱等。

2. 生活史

发育属于不完全变态，包括卵、若虫和成虫三个阶段。交配后 2～3 d 雌虱产卵于动物体表，一般约 2 周，卵内孵出若虫，若虫经三次蜕皮变为成虫，整个发育期约为 1 个月。

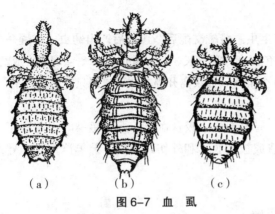

图 6-7　血虱

（a）猪血虱；（b）牛血虱；（c）马血虱

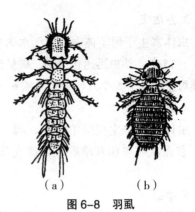

图 6-8　羽虱

（a）广幅长羽虱；（b）鸡羽虱

3. 临床症状

血虱吸血，毛虱和羽虱以绒毛、羽毛及皮屑为食。采食时引起动物皮肤发痒，骚动不安，影响采食和休息。患病动物表现为脱毛、消瘦、食欲不佳、生产力下降，幼年动物发育不良。

4. 诊断

在动物体表发现虱体即可确诊。

5. 治疗

各种大、中动物可用 0.1% 敌百虫水溶液，300 mg/L 敌匹硫磷，250 mg/L 溴氰菊酯喷洒或药浴；家禽可用拟除虫菊酯类喷洒，也可用马拉硫磷沙浴或硫黄粉与细沙混合进行沙浴。

6. 防制

加强饲养管理卫生，栏舍保持清洁干燥，光线充足，饲养密度适宜。定期检查，若发现虱病，应及时治疗。

6.5.2　绵羊虱蝇

绵羊虱蝇属于虱蝇科虱蝇属，是寄生于绵羊体表的无翅昆虫，有时也寄生于山羊。

1. 病原体

绵羊虱蝇（图 6-9），呈灰棕色，虫体长 4 ～ 6 mm，体表革质，密被细毛；头短而宽，与胸部紧密相接，不能活动；口器为刺吸式；复眼小，呈椭圆形，间距大；胸部为暗褐色，腹部大，呈卵圆形，淡灰褐色；肢强壮并有锐利的爪。

2. 流行病学

本病主要通过直接接触和间接接触传播。主要感染绵羊，有时山羊也能感染。本病主要分布在西北和东北地区。

图 6-9　绵羊虱蝇

3. 生活史

虫体寄生于绵羊体表，属于永久性寄生虫。雌雄交配后，10 d 后产出幼虫，雌蝇一生可产 5～15 个，幼虫迅速化为蛹。蛹呈棕红色，卵圆形，长 3～4 mm，经 2～4 周发育成幼虫。雌蝇可生活 4～5 个月，一年繁殖 6～10 个世代。如果离开绵羊体，成蝇只能短期存活。

4. 临床症状

虫体主要寄生在绵羊的颈、胸、腹、肩等部位，吸食血液，严重感染时引起剧痒、瘦弱、贫血，病羊相互啃咬或摩擦皮肤，造成被毛脱落和外伤。当侵害羔羊严重时，导致其死亡。

5. 诊断

根据临床症状和寄生部位发现虫体即可确诊。

6. 防制

治疗药物和方法可参照蜱和疥螨病，剪毛是有效的防制措施。

6.6　吸血昆虫病

1. 概述

吸血昆虫是指双翅目的一大类昆虫，包括虻科、蚊科、蠓科、蚋科等。

（1）虻科。虻的种类很多，一般形态皆相似。体长 10～25 mm，颜色不一，呈黄色、黑色或灰黑色。头部多呈三角形，大部分为复眼所占，有类似镰状分节的触角，口器为刮舐式。有宽阔粗厚由 3 节组成的胸部，腹部呈椭圆形，从腹背可看见七节，从腹面看可见六节。翅上有各种不同的斑纹或斑点。常出现在炎热的夏天。雄虫以植物的液汁或花蜜等为食物，雌虫以吸血为生。虻的发育属于完全变态，包括卵、幼虫、蛹和成虫四个阶段。雌虫产卵于植物的茎叶上，一个雌虫能产 300～1 000 个卵，卵经 3～8 d 孵出幼虫。幼虫生活于潮湿地带或水中，于晚秋或翌年春爬至土里变蛹，再经羽化，变为成虫。

（2）蚊科。体狭长，5～9 mm，头部略呈球形，1 对复眼；细长的触角 1 对；头下方有一个细长的喙，口器为刺吸式。腹细长有 8 节，后两节衍生为生殖器。雌蚊吸血，雄蚊不吸血。蚊的发育属于完全变态，包括卵、幼虫、蛹和成虫四个阶段。雌蚊吸血后产卵，每次产数十至数百个于水中，4～8 d 孵出幼虫，呼吸时浮出水面，经 3 次蜕化变为蛹，1～3 d 羽化为成蚊。

（3）蠓科。微小黑色虫体，1～3 mm，头部近于球形，复眼 1 对；口器为刺吸式；触角细长，由 13～15 节组成；胸部稍隆起，翅短而宽且末端钝圆，多具有翅斑；足 3 对，中足较长，后足较粗；腹部 10 节，各节上均有毛；雌性尾端有一对圆形尾铗，雄性尾端外生殖器明显。蠓的发育属于完全变态，因种的不同而选择不同的产卵环境，交配时有群舞现象，如缓流的溪沟、稻田和粪便等。雌蠓吸血后 2 周左右产卵，每次产 50～150 个，经 3～6 d 孵出幼虫，生活于水中或潮湿的堆肥中，经 3 ～ 5 周至 5 个月化为蛹，一般 3 ～ 5 d 羽化为成虫。在无风温暖的晴天，多在近水的田野成群活动，以日出前和日落后常见，交配后寻找人和动物吸血。成蠓的寿命为 1 个月左右，每年可繁殖 2 代，以第四龄幼虫或卵越冬。

（4）蚋科。蚋是一种小型吸血昆虫，黑色、粗短、背驼、翅宽；成蚋体长 2 ～ 5 mm；头部呈半球形，复眼发达，触角短，由 9 ～ 11 节组成；口器为刺吸式；胸背隆起，翅 1 对，宽阔透明；足短粗；腹部 11 节，最后 1 ～ 3 节转化为外生殖器。

雌蚋吸血，雄蚋不吸血，属于完全变态。成蚋生活在陆地，交配后雌蚋在水中产卵，卵沉于水底，经 4 ～ 12 d 孵出幼虫，经 3 ～ 10 周、5 ～ 6 次蜕化而成熟，而后化蛹，经 2 ～ 10 d 羽化为成虫。雌蚋的寿命为 1 ～ 2 个月，雄蚋的寿命为 1 周左右。蚋以卵或幼虫方式越冬。

2. 致病作用和临床症状

当雌虫刺蜇牲畜吸血的同时，将含毒的唾液注入伤口，使牲畜发生局部肿胀、痛痒等症状。虻多侵袭马、牛的胸部、腹部及四肢的内侧，而少侵袭犬、羊和猪。牲畜被侵害时，表现不安，不能充分采食，因此引起消瘦和泌乳量降低。同时，虻还常为炭疽、锥虫及其他病原体的传播者。

3. 防制

主要采用化学药物杀虫，如菊酯、生物菊酯、苄菊酯、有机磷类及其他杀虫剂。

项目小结

本项目主要讲述了常见蜱虫、螨虫和跟寄生虫病有关的昆虫的分类、形态结构、发育史等。尤其重点讲述了由它们引起的体外寄生虫病的临床症状、诊断和防制方法；简单介绍了部分跟动物寄生虫病有关的吸血昆虫的形态和生活史及防制措施。

知识拓展

昆虫分类学家
中国科学院院士　尹文英

1947 年，尹文英毕业于当时的国立中央大学生物系。31 岁那年，她深入田间鱼塘用三年时间总结出对近 20 种鱼病有效的治疗和防制措施，为我国鱼病学的建立奠定了基础。41 岁那年，她从零开始接触原尾虫研究工作，在之后的 50 多年，先后在中国发现、记述原尾虫约200 种，建立了原尾纲系统发生的新概念和新分类体系，为我国原尾虫研究走在世界前列作出重要贡献。

90 岁高龄的她仍亲自培养研究生。她说："后继无人是对历史的犯罪"。2014 年，她获首届中国昆虫学会"终身成就奖"，她说"很多人觉得不可理喻，昆虫有那么多毛，多可怕，可我就是觉得有趣，乐在其中"。

2021 年 10 月 18 日，她迎来百岁生日。在回首过往的科研路时，她说："科学研究是解决前人尚未解决的新问题，只有一步一步创新，不仅在技术上、方法上，更重要的是在思维认识上永不停滞才能常研究常出新"。

课 后 思 考

一、选择题

1.春季，某奶牛表现消瘦、泌乳量下降，背部局部皮肤隆起，上有小孔，孔内有长度约为 20 mm 左右的幼虫。该病可能是（　　）。

    A.棘球蚴病   B.隐孢子虫病   C.肉孢子虫病

    D.牛皮蝇蛆病   E.痒螨病

2.痒螨的感染途径是（　　）。

    A.经空气感染   B.经吸血感染   C.接触感染

    D.经胎盘感染   E.经口感染

3.下列选项中不属于外寄生虫的是（　　）。

    A.软蜱   B.肝片吸虫   C.疥螨

    D.痒螨   E.硬蜱

4.犬，头部皮肤出现红斑，刮取皮屑镜检见大量窄长虫体，有足 4 对，短粗，虫体后部体表有明显横纹。该病的传播途径是（　　）。

    A.经口传播   B.直接接触传播   C.经胎盘传播

    D.经空气传播   E.昆虫叮咬传播

5.绵羊，头部脱毛，皮肤有白色痂皮，刮取皮屑镜检见龟形虫体，有足 4 对，前 2 对足伸出体缘，后 2 对足短小，不伸出。该病的传播途径是（　　）。

    A.经口传播   B.直接接触传播   C.经胎盘传播

    D.经空气传播   E.昆虫叮咬传播

二、思考题

1.简述硬蜱与软蜱的主要形态及两者的区别、防制措施。

2.简述羊鼻蝇蛆、马胃蝇蛆、牛皮蝇蛆的区别。

3.简述疥螨和痒螨的主要形态及防制措施。

项目 7 动物原虫病

某犊牛群发热、昏睡、食欲不振伴有严重的腹泻、脱水，剖检肠管肿胀，充满黏液和气体。采用饱和蔗糖漂浮法检查患牛粪便，用油镜观察时发现大量内含4个裸露子孢子的卵囊。该病最可能的病原是什么？应怎样防制？

7.1 原虫概述

原虫是原生动物的简称。原虫为单细胞真核动物，体积微小而能独立完成生命活动的全部生理功能。在自然界分布广泛，种类繁多，多数营自由生活或腐生生活，分布在海洋、土壤、水体或腐败物内。

7.1.1 原虫的形态构造

原生动物是单细胞动物，整个虫体由一个真核细胞所构成，即一个细胞就构成了一个原生动物的个体。原生动物的单细胞既具有一般细胞的基本结构，如细胞膜、细胞质、细胞核等，原虫学称为胞膜、胞质、胞核；又具有一般动物所表现的各种生活机能，如运动、呼吸、消化、排泄和生殖等。原生动物的各种生活机能主要是通过细胞器来完成的。细胞器是由原生动物细胞质特化形成、执行和完成一定生理机能的构造，不同结构和功能的细胞器相互联系，彼此协调，以完成原生动物个体的一切生命活动，使单细胞的原生动物成为有机的统一整体。可以说，作为动物体来说，单细胞的原生动物是最简单的，而作为细胞来说，原生动物的单细胞却是最复杂的。

原生动物的身体一般很微小，肉眼不容易见得到，大部分必须借助高倍显微镜才能观察到，可以说是"显微镜下的生物"。其长度一般在 10 ～ 200 μm，最小的种类仅有 2 ～ 3 μm，例如利什曼原虫，有时可以 200 个同时寄生在一个组织细胞内。原生动物的形态多种多样，有圆形、椭圆形、卵圆形等，有些没有固定的形状。

7.1.2　营养方式

（1）自养营养。自养营养，又称为植物性营养、光合营养，如绿眼虫。有些原生动物种类体内有色素体，里面含有叶绿素，它们能像绿色植物那样进行光合作用，利用太阳能，将从外界进入体内的二氧化碳、水和一些元素合成自己所需的营养物质。

（2）异养营养。异养营养是指大多数原生动物种类直接或间接地从外界摄取其他动植物作为自己所需的营养物质，分为以下三种。

①动物性营养。动物性营养又称为吞噬营养，通过胞口将固体有机食物吞噬进入虫体，在体内将这些食物消化、吸收，如草履虫和变形虫等。

②腐生性营养。腐生性营养又称为渗透营养，通过体表将外界的溶解有机物渗透进入虫体，由此而获得营养，如一些疟原虫和锥虫。

③混合营养。有些原生动物种类可以同时拥有三种营养方式，如滴虫。

7.1.3　呼吸和排泄

原生动物的呼吸和排泄主要通过体表进行。

（1）呼吸。原生动物通过身体表面的质膜来进行气体交换，外界的氧气通过体表扩散进入虫体内，而虫体内新陈代谢产生的二氧化碳可以通过体表扩散到体外。但营体内寄生的种类，由于寄主体内往往是无氧的环境，所以它们进行的是厌氧呼吸，即通过将虫体内贮存的能源物质（糖原）进行无氧酵解来获得能量。

（2）排泄。原生动物还可以通过身体表面的质膜将虫体内新陈代谢产生的含氮废物扩散到体外。一些种类有一种称为伸缩泡的细胞器，可以将虫体内的含氮废物收集起来，再通过体表的微孔排出体外。

7.1.4　生殖方式

（1）无性生殖。原生动物的无性生殖可分为以下四种。

①二分裂生殖。原生动物虫体的细胞核和细胞质一分为二，每一部分可以形成一个新个体，可分为等二分裂（如变形虫）、纵二分裂（如绿眼虫）和横二分裂（如草履虫）。

②多分裂。多分裂即裂体生殖（裂殖生殖），是指原生动物虫体的细胞核先多次分裂，

形成许多细胞核；随后，细胞质也开始分裂，结果形成了许多新的个体。分裂中的虫体称为裂殖体，新产生的子代称为裂殖子。

③孢子生殖。孢子生殖是原生动物中由合子形成的卵囊成为母孢子（孢子母细胞），母孢子内的细胞核和细胞质进行分裂，形成几百甚至上万个子孢子，成熟后母孢子破裂，子孢子侵入细胞形成新的个体，即虫体卵囊在外界发育为含有子孢子的卵囊的发育方式。

④出芽生殖。原生动物虫体的一部分突出形成小芽，小芽逐渐长大之后脱离母体，成为一个新的个体，有内出芽和外出芽之分。

（2）有性生殖。原生动物的有性生殖可分为以下两种。

①配子生殖。配子形成以及两个配子融合成为合子的过程称为配子生殖。如果两个配子的形态相同，就称为同形配子，同形配子的融合称为同配；如果两个配子的形态不同，则称为异形配子，小者称为小配子或精子，大者称为大配子或卵，异形配子的融合称为异配，大多数原生动物的配合生殖都是异配。其也可定义为两性配子，同形或异形，相互融合形成合子的生殖方式。

②接合生殖。原生动物的两个虫体黏合在一起，大核瓦解，小核分裂数次，并且互换新小核（相当于受精作用），然后两个虫体分开，核物质重组、分裂，最后每个虫体产生 4 个新虫体，如纤毛虫。

7.1.5　运动方式

原生动物通过鞭毛、纤毛和伪足来进行运动。其运动形式有游泳、缓慢滑行、身体弯曲、用棘毛行走、用轴足滚动或蠕行波动。有些种类营漂浮生活，还有一些种类营固着生活，固着者具有可以伸缩的柄。

7.1.6　对环境的适应性

很多原生动物（如眼虫和变形虫）在不良环境条件下，例如气候干旱、严寒、食物短缺或出现有毒物质时，虫体可分泌一种保护性的胶状物质，将自己包裹起来，形成包囊。在包囊内，虫体新陈代谢减缓，存活时间更长。当环境适宜的时候，外被胶状物质溶解，包囊破裂，虫体出来又开始新生活。出囊前，虫体可以进行一次或数次分裂。包囊形成是原生动物抵抗和度过不良环境的一种很好的适应性，使个体的生存和种族的延续得到了保证。

原生动物的生活环境要求有足够的湿度，因此它们生存于有水和潮湿的环境中，可以营自由生活或寄生生活。影响原生动物分布和数量的其他因素包括温度、氧气、食物、酸碱度、盐度、光照和被捕食程度等。根据栖息环境，原生动物可以分为海水原生动物、淡水原生动物、土壤原生动物和寄生原生动物四个生态类群。

寄生性原虫在繁殖过程中只需要一个宿主，称为单宿主发育型；如果需要两个不同种的宿主才能完成生活史，则称为异宿主发育型。

7.2 伊氏锥虫病

伊氏锥虫病又称"苏拉病"，是由锥体科锥体属的伊氏锥虫寄生于马属动物和其他动物的血液中引起的一种寄生虫病，多发于热带和亚热带地区。主要感染马属动物、牛、水牛、骆驼；其他哺乳动物猪、犬、猫、羊、鹿、兔和某些野生动物及啮齿类动物均能感染。临床特征为进行性消瘦、贫血、黄疸、高热、心力衰竭，常伴发体表水肿和神经症状等。

1. 病原体

伊氏锥虫，虫体细长，呈弯曲的柳叶状，长 18 ~ 34 μm，宽 1 ~ 2 μm，前端尖，后端钝。细胞核呈椭圆形，位于虫体中央。虫体后端有点状动基体和毛基体，由毛基体生出一根鞭毛，沿虫体边缘的波动膜向前延伸，最后游离出体外。

2. 流行病学

各种患病动物或带虫动物是本病的传染源，包括急性感染、隐性感染和临床治愈的病畜，特别是隐性感染和临床治愈的病畜，其血液中常保存有活泼的锥虫，是本病最主要的带虫宿主，如水牛、黄牛及骆驼等，有的可带虫 5 年之久。此外，某些食肉动物也可成为本病的保虫宿主。

传播途径主要经吸血昆虫（虻及厩螫）机械性传播。此外，本病还能经胎盘感染，食肉动物因采食带虫动物生肉而感染。在疫区给家畜采血或注射时，如消毒不严也可传播本病。伊氏锥虫具有广泛的宿主群，家畜中有马、骡、驴、骆驼、水牛、黄牛、山羊、绵羊、犬及猫等，其中以马、骡最易感。发病季节和流行地区与吸血昆虫的出现时间和活动范围相一致。我国南方各省以夏、秋季发病最多。因此，在每年 7 ~ 9 月流行。

3. 生活史

伊氏锥虫寄生在易感动物的血液、淋巴液和造血器官中，以体表渗透吸收营养物质，以二分裂方式繁殖。当吸血昆虫吸食病畜或带虫的动物的血液时，将伊氏锥虫虫体吸入其体内，再叮咬其他动物时使其感染，为单宿主发育型。

4. 临床症状

急性病例多为不典型的稽留热（多在 40 ℃以上）或弛张热。发热期间，呼吸急促，脉搏增数。一般在发热初期血中可检出锥虫，急性病例血液锥虫检出率与体温升高比较一致，而且有虫期长；慢性病例不规律，常见体躯下部浮肿。后期病马高度消瘦，心力衰竭，常出现神经症状，主要表现为步态不稳、后躯麻痹、尿量减少、尿色深黄等。骡对本病的抵抗力比马稍强，驴则具有一定的抵抗力，多为慢性，即使体内带虫也不表现任何临床症状，且常可自愈。

牛感染时多呈现慢性经过，表现为精神委顿，行走无力，四肢下部、胸前部发生浮肿。母牛感染时，常见流产、死胎或泌乳量减少。

5. 诊断

在疫区根据流行病学及临床症状可做出初步诊断，确诊尚需进行实验室检查。

（1）病原检查。病原检查包括全血压滴标本检查（简单易行，但虫体较少时难以检出）、血液涂片染色标本检查（可看到清晰的锥虫形态，并可做血项检查）、血液厚滴标本染色检查（具有集虫效果，可提高检出率）、集虫法（把抗凝血放在试管或毛细管内离心，镜检血清和红细胞间的白色沉淀物，可提高检出率）、动物接种试验（血液标本不能发现锥虫，其他辅助性诊断也不能确诊时，可使用本法，最常用动物为小鼠）。

（2）血清学检查。常用的方法有补体结合试验、间接血凝试验等。

6. 治疗

本病要及时进行治疗，用药量要足，但伊氏锥虫易产生抗药株，各虫株对各种抗锥虫药的敏感性不同，尤其对治疗后复发的病例应更换药物。

（1）萘黄苯酰脲（纳加诺、拜尔 205）。用生理盐水配成 10% 溶液，静脉注射，牛每头 3～5 g，骆驼每头 5 g，隔 1 周后再注射一次。马 10 mg/kg，极量为 4 g，1 个月后再注射一次。用药后个别动物有体表水肿、口炎、肛门及蹄冠糜烂、跛行、荨麻疹等不良反应，静脉注射下列药物缓解：氯化钙 10 g，苯甲酸钠咖啡因 5 g，葡萄糖 30 g，生理盐水 1 000 mL，混合。

（2）硫酸甲基喹嘧胺（安锥赛）。牛 3～5 mg/kg，马 5 mg/kg，骆驼 2 mg/kg，注射用水配成 10% 溶液，一次皮下或肌肉注射，必要时 2 周后再用药一次。

（3）三氮脒（血虫净、贝尼尔）。马、牛 3.5 mg/kg，以注射用水配成 5% 溶液，深部肌肉注射，每天一次，连用 2～3 d。骆驼对此药敏感，不宜使用。

（4）锥嘧啶。马、骆驼 0.5 mg/kg，注射用水配成 0.2%～0.5% 溶液作缓慢静脉注射；牛 1 mg/kg，以注射用水配成 1%～2% 溶液作臀部深层肌肉注射。

7. 防制

疫区应在虻类出现前和冬季时对易感动物进行检查，对阳性动物进行治疗。对假定健康动物可在感染季节前进行药物预防。加强检疫，对调入的动物应隔离观察 20 d，确认健康后方能合群；消灭传播媒介；注射和手术器械严格消毒。

7.3　巴贝斯虫病

巴贝斯虫病，又称焦虫病，是由巴贝斯科巴贝斯属的巴贝斯虫寄生于动物红细胞内引起的疾病。巴贝斯虫种类很多，可寄生于牛、羊、猪、马、犬等，有较强的宿主特异性，其中某些种也可感染人。

1. 病原体

各种巴贝斯虫在红细胞中的形态均呈多样性，有梨籽形、圆形、卵圆形、环形、阿米巴形等形态，多寄生于哺乳动物的红细胞、淋巴细胞、巨噬细胞和其他细胞，其中梨籽形虫体的大小、在红细胞内的排列方式和位置等形态学特征具有种类鉴定意义。巴贝斯虫可以分为两类：一类长度在 3 μm 以上的为大型虫体，虫体大于红细胞半径，有两团染色质且位于虫体边缘，两个梨籽形虫体以其尖端成锐角相连，呈双梨籽形；另一类长度不超过 2.5 μm 的为小型虫体，虫体小于红细胞半径，体内只有一团染色质，也位于虫体边缘，两个梨籽形虫体以其尖端成钝角相连，呈双梨籽形，或四个梨籽形虫体以其尖端相连，呈十字形。我国主要有以下四种巴贝斯虫。

（1）双芽巴贝斯虫。梨籽形虫体长 2.8～6 μm，属大型虫体，多数虫体位于红细胞中央。主要寄生于牛。

（2）牛巴贝斯虫。梨籽形虫体长 1～2.4 μm，属小型虫体，多数虫体位于红细胞内缘，排列为钝角相连的双梨籽形。临床上常见血红蛋白尿，故又称红尿热。主要寄生于牛。

（3）卵形巴贝斯虫。属大型虫体，虫体多为卵形，中央往往不着色，形成空泡。典型虫体为双梨籽形。主要寄生于牛。

（4）莫氏巴贝斯虫。属大型虫体，有两团染色质。虫体多位于红细胞中央。主要寄生于羊。

2. 流行病学

双芽巴贝斯虫的传播媒介是微小牛蜱，以经卵传递方式由次代若虫和成虫阶段传播，幼虫阶段无传播能力，也可经胎盘垂直传播。牛巴贝斯虫在我国是由微小牛蜱传播，以经卵传递方式由次代幼虫传播，次代若虫和成虫阶段无传播能力。弩巴贝斯虫和马巴贝斯虫的媒介蜱有 10 余种，我国主要是革蜱，以经卵传递方式，次代幼虫、若虫和成蜱均能传播，也有期间传播和胎盘垂直传播。

双芽巴贝斯虫和牛巴贝斯虫常混合感染。一般情况下，2 岁以内犊牛的发病率高，但病状轻，死亡率低；成年牛发病率低，但病状较重，死亡率高。当地牛比良种牛和引入的牛抵抗力强。病愈牛有带虫免疫现象，但不稳定易复发。

由于蜱的种类和分布的地区性以及活动的季节性，该病的发生和流行也随之具有明显的地区性和季节性。每年春、夏、秋季均可发病，但高峰期在 5～9 月。动物在放牧期感染率高。

3. 生活史

巴贝斯虫需要转换两个宿主才能完成其发育，一个必须是哺乳动物，另一个则必须在一定种属的蜱体内发育，并通过它来传播。在哺乳动物的红细胞内以二分裂或外出芽生殖，一个母细胞可生成 2 个或 4 个子细胞。红细胞破裂后，释放出的虫体侵入新的红细胞重复上述繁殖。当含有虫体的红细胞被蜱吸食以后，虫体在蜱的消化道上皮细胞内进行裂殖生殖，产生的裂殖子移行到蜱的卵巢，经卵传递给下一代幼蜱，先后在幼蜱的肠上皮细胞和唾液腺进行裂殖生殖，最后发育为具有感染性的虫体，由蜱的幼虫、若虫或成蜱传播，称为经卵传递，这种方式最多。

另一类不经卵传递的巴贝斯虫，是在幼蜱或若蜱的肠上皮细胞内裂殖生殖，形成虫样体后，寄生于蜱的肌肉组织中，待蜱变为下一个发育阶段若蜱或成蜱时，移行至唾液腺进行裂殖生殖，产生具有感染性的虫体，这种方式称为期间传播，即在蜱的同一个世代内进行传播。当带虫蜱在哺乳动物体上吸血时，感染性虫体随蜱的唾液注入，侵入细胞中发育。

4. 致病作用

虫体在繁殖中破坏大量的红细胞，引起贫血、黄疸和血红蛋白尿，毒性物质可使毛细血管扩张和通透性增强，发生水肿和出血，并影响神经体液调节系统，引起发热、胃肠功能减弱以及吸收和排泄能力下降。发病后期由于红细胞大量破坏，组织缺氧，可引起组织器官机能障碍，肝肾功能紊乱，导致体内有毒和氧化不全产物大量蓄积而发生酸中毒。

5. 临床症状

牛的潜伏期为 8 ～ 15 d，体温高达 42 ℃，呈稽留热型。脉搏、呼吸加快，精神沉郁，喜欢卧地。食欲减退或消失，反刍迟缓或停止，便秘或腹泻，有些病牛还排出黑褐色、恶臭带黏液的粪便。乳牛泌乳减少或停止，怀孕母牛常造成流产。病牛迅速消瘦、贫血、黏膜苍白和黄染。常见发病后 2 ～ 3 d 出现血红蛋白尿。重症不治疗可在 4 ～ 8 d 内死亡。慢性病例，体温于 4 ℃上下波动，持续数周，病程数周至数月。幼年病牛，中度发热仅数日，食欲减退，略显虚弱，黏膜苍白或微黄。退热后可以康复。马的潜伏期为 1 ～ 3 周，病初体温稍高，随后逐渐升高至 40 ～ 41 ℃，呈稽留热型，呼吸、心跳加快，恶寒战栗，皮温不整，末梢发凉，饮水量少，口腔干燥发臭。病情发展迅速，病状加重，黄疸十分明显，尿少黏稠。病程 8 ～ 12 d，常因高度贫血和心力衰竭而死亡。

6. 诊断

根据流行病学、临床症状和血液寄生虫学检查确诊。血液寄生虫学检查方法与一般血片染色镜检法相同。还可用间接荧光抗体试验和酶联免疫吸附试验等，主要用于带虫动物的检查和流行病学调查。另外，还可用抗梨形虫药进行药物诊断。

牛巴贝斯虫病应与钩端螺旋体病鉴别。后者多发生于夏秋季节，幼牛患病严重，黄疸显著，皮肤有坏死灶。出血性败血症也属类症。马病则与传染性贫血相区别，血检无虫体，多发生于蚊、虻活动盛期，有温差逆转现象，马传染性贫血症琼脂扩散试验呈阳性。

7. 治疗

要早期治疗，还要注意对症治疗，如健胃、强心、补液等。

（1）咪唑苯脲。按 1 ～ 3 mg/kg，配成 10%水溶液，肌肉注射，注意该药易残留。

（2）三氮脒（贝尼尔）。3.5 ～ 3.8 mg/kg，配成 5% ～ 7%水溶液，肌肉注射，每天 1 次，连用 3 d。水牛对该药敏感，一般只用药一次，不能连续使用。

（3）硫酸喹啉脲（阿普卡林）。按 0.6 ～ 1 mg/kg，配成 5%水溶液，皮下注射。个别牛有不良反应，一般于 1 ～ 4 h 后自行消失，严重者可皮下注射阿托品，剂量为 10 mg/kg。怀孕母牛禁用。

（4）锥黄素（吖啶黄）。按 3 ～ 4 mg/kg（极量为 2 g），配成 0.5% ～ 1%水溶液，静脉注射，病状未减轻时，24 h 后再注射一次。病牛在治疗后数日内避免烈日照射。

8. 防制

做好灭蜱工作；实行科学放牧，在蜱流行季节，尽量不要到蜱大量滋生的地方放牧；加强检疫，对患病动物或带虫动物进行隔离治疗。

7.4　牛、羊泰勒虫病

泰勒虫病是由泰勒科泰勒属的各种原虫寄生于动物网状内皮细胞和红细胞、淋巴细胞内引起的一类疾病。主要寄生于牛、羊，其他野生动物也可感染，发病率和死亡率高。传播媒介是血蜱属的蜱。

1. 病原体

寄生于牛的主要是环形泰勒虫和瑟氏泰勒虫；寄生于羊的是山羊泰勒虫和绵羊泰勒虫。泰勒虫在不同的发育阶段具有不同的形态。

配子体：见于红细胞内，称为血液型虫体。虫体很小，大小为 0.5 ～ 2.1 μm，具有圆环形、卵圆形、杆形、梨籽形、逗点形、圆点形、"十"字形、三叶形等各种形状，其中以圆环形和卵圆形虫体占多数，高峰时可达 70%～ 80%；瑟氏泰勒虫则以杆形和梨籽形为主，高峰期可各占 35%～ 45%。

裂殖体：见于网状内皮细胞（巨噬细胞、淋巴细胞、肝脾细胞）内进行裂殖繁殖所形成多核裂殖体（又称石榴体或柯赫氏蓝体），呈圆形、椭圆形或肾形，大小为 8 ～ 27 μm。

2. 流行病学

（1）感染来源。患病和带虫牛、羊及带虫蜱均为感染来源。主要经皮肤感染。蜱对病原体的传播是期内传播，即在同一世代内下一阶段的蜱才具有传播能力，不能经卵传递。

（2）传播媒介和季节动态。环形泰勒虫的媒介蜱主要为残缘璃眼蜱，是一种二宿主蜱，主要寄生在牛，它以期间传播方式传播泰勒虫，牛发病季节主要在 6 ～ 8 月，7 月为高峰期，多发生于舍饲牛。瑟氏泰勒虫的媒介蜱是长角血蜱、二棘血蜱和青海血蜱，因传播媒介不同，各地动物发病时间也不尽相同，一般在 5 ～ 10 月，多见于放牧牛。羊泰勒虫的媒介蜱为青海血蜱，多发生于 4 ～ 6 月，5 月为高峰。

（3）年龄动态。不同品种和年龄的牛均有感受性，但以 1 ～ 3 岁牛发病较多，犊牛和成年牛多为带虫者，且带虫免疫不稳定。1 ～ 6 月龄羔羊发病率高，死亡率也高，1 ～ 2 岁羊次之，3 ～ 4 岁羊发病较少。

3. 生活史

泰勒虫在发育中需要 2 个宿主，在牛、羊体内进行无性繁殖，在蜱体内进行有性繁殖。感染泰勒虫的蜱在牛体吸血时，子孢子随蜱的唾液进入牛、羊体，首先侵入局部淋巴结的巨噬细胞和淋巴细胞内进行裂殖繁殖，形成大裂殖体（无性型），又破裂为许多大裂殖子，然后侵入其他巨噬细胞和淋巴细胞内，重复上述的裂殖繁殖过程。与此同时，部分大裂殖子可随淋巴和血液向动物全身散播，侵入脾、肝、肾、淋巴结、皱胃等各器官的巨噬细胞和淋巴细胞进行数代裂体增殖，形成的小裂殖体（有性型）发育成熟后破裂产生许多小裂殖子，进入红细胞变成雌性或雄性配子体（血液型虫体）。

当蜱吸食病牛、羊血液时，配子体随红细胞进入蜱消化道，逸出红细胞的配子体发育为雌、雄配子，两者结合为合子，进一步发育为动合子，移行到蜱的唾液腺内进行孢子生殖，产生许多子孢子，当蜱再叮咬牛羊时，将子孢子注入牛体，重新开始在牛体内的发育和繁殖。

4. 临床症状

潜伏期为 14～20 d，多数病例呈急性经过。病初体温可升高至 42 ℃，稽留热，少数为弛张热；精神沉郁，食欲减退；呼吸和脉搏加速，心律不齐；可视黏膜由潮红转苍白，并轻度黄染，有时有小出血点；体表淋巴结肿大，坚硬有压痛；便秘或腹泻。3～4 d 后，病状加剧，食欲废绝，反刍减少或停止，体表淋巴结肿痛明显并转软，腹泻并混有血液和黏液。后期肌肉震颤，卧地不起，衰竭而死，病程 1～2 周。病状缓和者，病程可达 3 周。瑟氏泰勒虫引起的疾病病程可长达 2～3 个月，病状缓和，死亡率低。山羊泰勒虫致病性强，死亡率高，而绵羊泰勒虫病死亡率低。

5. 病理变化

剖检见全身性出血，淋巴结肿大 3～5 倍，切面有暗红色病灶和灰白色结节；皱胃变化具有诊断意义，黏膜肿胀、充血，有针头至黄豆大暗红色或黄白色结节，坏死后形成糜烂或溃疡，边缘不整稍隆起，周围黏膜充血、出血，构成细窄的暗红色带；脾肿大，被膜有出血点；肾肿大、质软；肝肿大、质软，有灰白色或暗红色病灶。

6. 诊断

根据流行病学、临床症状和寄生虫学检查确诊。发病初期可做淋巴结穿刺物检查，发现多核裂殖体（石榴体）；中、后期可进行血液涂片检查，发现配子体即可确诊。

7. 治疗

目前尚无特效药物，但早期应用杀虫药，配合对症治疗，特别是输血疗法及加强护理可降低死亡率。

（1）磷酸伯氨喹啉。按 0.75～1.5 mg/kg，每天口服 1 剂，连服 3 剂。

（2）三氮脒。按 7 mg/kg，配成 7% 水溶液，肌肉注射，每天 1 次，连用 3 d。

（3）三氮脒与锥黄素交替使用效果较好，第 1、3 天肌肉注射三氮脒 3～4 mg/kg，第 2、4 天静脉注射锥黄素 4～5 mg/kg。

8. 防制

（1）药物预防。在发病季节用三氮脒预防，按 3 mg/kg，预防期 20 d。

（2）疫苗注射。用牛泰勒虫病裂殖体胶冻细胞苗对牛进行预防注射，接种 20 d 产生免疫力，免疫期为一年。此苗对瑟氏泰勒虫病无交叉保护作用。

（3）灭蜱和科学放牧。灭蜱方法见蜱的防制。对环形泰勒虫病的防制要特别做好舍内灭蜱，在成蜱活动期可采取离舍放牧的方法避开蜱的侵袭。反之，对瑟氏泰勒虫病的防制应注意牧场灭蜱，在发病季节应避免到山地和次生林地放牧，可转移到平原放牧或舍饲。

（4）加强检疫。凡引入动物要做血液寄生虫学检查，发现患病动物应及时将其隔离治疗，对同群动物进行药物预防。

7.5　人畜共患孢子虫病

7.5.1　弓形虫病

弓形虫病是由弓形虫科弓形虫属的弓形虫寄生于动物和人引起的疾病。对人致病性严重，是重要的人畜共患寄生虫病。终末宿主为猫和猫科动物。

1. 病原体

刚地弓形虫，有不同的虫株。全部发育过程中可有五种不同形态的阶段，即五种虫型。

（1）滋养体（速殖子）。呈月牙形或香蕉形，一端较尖，另一端钝圆，平均大小为（4～7）μm×（2～4）μm，经姬姆萨氏或瑞氏染色后，胞浆呈淡蓝色，有颗粒，核呈深蓝色，位于钝圆一端。滋养体主要出现于急性病例的腹水中，常可见到游离于细胞外的单个虫体；在单核细胞、内皮细胞、淋巴细胞等有核细胞内，可见到正在进行内双芽增殖的虫体；有时在宿主细胞的胞浆里，可见到许多速殖子簇集在一起，形成假包囊。

（2）包囊（组织囊）。见于慢性病例的脑、骨骼肌、心肌和视网膜等处。包囊由虫体自身形成，呈卵圆形，有一层较厚的囊壁，囊内的滋养体称为缓殖子，可不断增殖，由数十个至数千个。包囊直径为 50～60 μm，并随虫体的繁殖而逐渐增大，可达 100 μm。包囊在一定的条件下可破裂，缓殖子重新进入新的细胞内繁殖形成新的包囊，可长期在组织内生存。

（3）裂殖体。在终末宿主猫的小肠绒毛上皮细胞内发育增殖。成熟的裂殖体为长椭圆形，内含 4～20 个裂殖子，呈扇状排列。裂殖子形如新月状，前尖后钝，较滋养体小。

（4）配子体。由游离的裂殖子侵入另一个肠上皮细胞发育形成配子母细胞，进而发育为配子体。雌配子体较大，发育为雌配子；雄配子体较小，发育为雄配子，雌、雄配子结合形成合子，由合子发育为卵囊。

（5）卵囊。刚从猫粪便排出的卵囊为圆形或椭圆形，大小为 10～12 μm，具有两层光滑透明的囊壁，内充满均匀小颗粒。成熟的卵囊含有 2 个孢子囊，每个孢子囊含有 4 个子孢子。

2. 流行病学

（1）感染来源和感染途径。患病动物和带虫动物（包括终末宿主）均为感染来源。猫主要是食入感染弓形虫的鼠以及患病或带虫动物的肉而感染，猫和猫科动物是唯一的终末宿主。草食动物主要是食入被卵囊污染的牧草和饲料而感染；其他动物和人可因食入含有各发育期的弓形虫的乳、肉和脏器，以及被卵囊污染的食物、饲料和饮用水而感染。急性期动物的分泌物和排泄物均可能含有弓形虫，可因其污染了环境而造成各种动物的感染。感染途径主要是消化道，也可通过呼吸道、损伤的皮肤和黏膜及眼等感染；经胎盘感染亦是一个重要的途径。

（2）流行概况。弓形虫的宿主极为广泛，动物年龄小、免疫状态差和营养低下者易感，动物的阳性率可达 10%～50%。血清学调查结果显示，人群抗体阳性率为 25%～50%，而我国为 5%～20%，多属隐性感染。造成广泛流行的原因主要是弓形虫的多个生活史期都具有感染性；中间宿主广，可在终末宿主与中间宿主之间、中间宿主与中间宿主之间多向交叉传播；包囊可长期生存在中间宿主组织内；卵囊排出量大，且对环境抵抗力强。本病季节性不明显。

3. 生活史

（1）中间宿主：多种动物和人，是多宿主寄生虫。

（2）终末宿主：猫及其他猫科动物。滋养体和包囊两型出现在中间宿主有核细胞，或游离于血液和腹水中；裂殖体、配子体和卵囊只出现在终末宿主小肠绒毛上皮细胞内。

弓形虫全部发育过程需要两种宿主，完成有性生殖和无性生殖阶段。在猫体内完成有性生殖，故猫是弓形虫的终末宿主（同时也进行无性增殖，也兼中间宿主）；在其他动物和人体只能完成无性繁殖，为中间宿主。有性生殖只限于在猫科动物小肠上皮细胞内进行，称为肠内期发育。无性繁殖阶段可在其他组织、细胞内进行，称为肠外期发育。

中间宿主食入猫排出的卵囊或含有滋养体或包囊的病肉而感染。在肠内逸出的子孢子、滋养体和缓殖子，进入血液和淋巴循环而扩散至全身各器官组织、细胞内发育繁殖，直至细胞破裂，滋养体重新侵入新的组织、细胞，反复繁殖。在免疫功能正常的机体，部分滋养体侵入宿主细胞后，特别是进入脑、眼、骨骼肌后，虫体繁殖速度减慢，并形成包囊。包囊在宿主体内可存活数月、数年，甚至终生。当机体免疫功能低下或长期应用免疫抑制剂时，组织内的包囊可破裂，释放出缓殖子，进入血液和其他组织细胞继续发育繁殖。包囊也是中间宿主之间或是终末宿主之间互相传播的主要形式。

终末宿主猫吞食孢子化卵囊或中间宿主器官组织中的滋养体或包囊后，子孢子或滋养体或缓殖子侵入小肠的上皮细胞进行裂殖生殖，产生大量的裂殖子，经过数代裂殖生殖后，部分裂殖子进行配子生殖，最后产生卵囊排出外界，在适宜的条件下，经 2～4 d 发育为感染性卵囊。猫吞食不同发育期虫体后排出卵囊的时间不同，吞食包囊后 3～10 d 就能排出卵囊，而吞食滋养体或卵囊后需 20 d 以上。因此，猫食入中间宿主体内的包囊是弓形虫生活史最佳途径。受感染的猫，一般每天可排出卵囊 1 000 万个，可持续 10～20 d。

4. 临床症状

临床症状主要有急性型和慢性型。急性型病初体温升高，可达 42 ℃以上，呈稽留热。食欲减退甚至废食，体温升高，呼吸急促，眼内出现浆液性或脓性分泌物，流清鼻涕。精神沉郁，嗜睡，发病后数日出现神经症状，后肢麻痹，病程 2～8 d，常发生死亡。耐过后常转为慢性型。

慢性病例的病程较长，表现厌食，逐渐消瘦，贫血，随着病情发展，可出现后肢麻痹，并导致死亡，但多数动物可耐过。在人上，经胎盘感染后可使胎儿发育异常，如脑积水、小脑畸形、智力缺陷和小眼球等。常引起早产或胎儿死亡。急性期常见有淋巴结肿大、脑膜脑炎、精神异常、皮疹、心肌炎、肌痛、关节炎、肺炎、肠炎、肝炎等。慢性病一般无症状。

5. 病理变化

剖检可见肝脏有针尖大小至绿豆大小的黄色坏死点。肠系膜淋巴结呈索状肿胀，肠道重度充血，肠黏膜可见坏死灶。肠腔和腹腔内有大量的渗出液。

6. 诊断

弓形虫病的临床症状、病理变化和流行病学虽有一定的特点，但仍不能以此作为确诊的依据，必须查出病原体或特异性抗体。

急性病例可用直接镜检法将肺、淋巴结和腹水作成涂片，用姬姆萨氏或瑞氏染色法染色，检查有无滋养体。也可进行动物试验，方法是将肺、肝、淋巴结等组织研碎，加入 10 倍量生理盐水，室温下放置 1 h，取其上清液 0.5 ～ 1mL 接种于小鼠腹腔，观察是否出现病状，1 周后剖杀取腹腔液镜检，阴性者需传代至少 3 次。

另外，血清学诊断主要有染色试验、间接血凝试验、间接免疫荧光抗体试验、酶联免疫吸附试验。目前，应用 PCR 技术也可进行该病的诊断。

7. 治疗

至今尚无理想的特效药物，主要应用磺胺类药物，如磺胺嘧啶、磺胺六甲氧嘧啶、磺胺甲氧吡嗪、甲氧苄胺嘧啶等。注意在发病初期用药，否则不能抑制虫体进入组织形成包囊，结果使动物成为带虫者。

8. 防制

主要应防止猫粪便污染饲料、饮用水；消灭鼠类；对病死动物和流产胎儿要深埋或高温处理；加强检疫，对患病动物及时隔离治疗；禁止用生肉或未熟的肉喂猫或其他动物；防止饲养动物与猫、鼠接触；加强饲养管理，提高动物抗病能力。

7.5.2　肉孢子虫病

肉孢子虫病是肉孢子虫科肉孢子虫属的肉孢子寄生于动物和人体的横纹肌肉引起的疾病，是重要的人畜共患寄生虫病。中间宿主十分广泛，有哺乳类、禽类、鸟类、爬行类和鱼类，终末宿主为食肉动物。人既可作为中间宿主，也可作为终末宿主。

1. 病原体

已记载的有 100 种以上，寄生于家养动物的有 20 余种。无严格的宿主特异性，可以交叉感染。常见的主要是牛住肉孢子虫和猪住肉孢子虫，中间宿主分别是黄牛和猪，终末宿主均为人。肉孢子虫在不同发育阶段有不同的形态。

（1）包囊（米氏囊）。见于中间宿主的肌纤维之间，多呈纺锤形、圆柱形或卵圆形，乳白色。包囊壁由两层组成，内层向囊内延伸，构成很多纵隔将囊腔分成许多小室。发育成熟的包囊，小室中有许多肾形或香蕉形的滋养体（缓殖子），又称为南雷氏小体。猪体内的包囊直径 0.5 ～ 5 mm，而牛、羊、马体内包囊均在 6 mm 以上，肉眼易见。

（2）卵囊。见于终末宿主的小肠上皮细胞内或肠内容物中，呈椭圆形，壁薄，内含 2 个孢子囊，每个孢子囊内有 4 个子孢子。

2. 生活史

（1）中间宿主。中间宿主包括哺乳动物、人、鸟类、禽类和爬行动物等。

（2）终末宿主。终末宿主包括犬等食肉动物及猪、猫和人等。

肉孢子虫在发育过程中需要更换宿主。含有包囊的肌肉被终末宿主吞食后，包囊内的缓殖子逸出，侵入肠上皮细胞直接发育为大、小配子，大、小配子结合为合子后发育为卵囊，卵囊在肠壁内发育为孢子化卵囊。成熟的卵囊多自行破裂，因此，随粪便排到外界的卵囊较少，多数为孢子囊。卵囊或孢子囊被中间宿主吞食后，子孢子脱囊后侵入血管进行第二次裂殖生殖，然后在血液或单核细胞内进行第三次裂殖生殖，产生的第三代裂殖子随血液侵入全身肌肉组织发育为包囊，经 1 个月或数月发育成熟。孢子囊和第三代裂殖子对中间宿主也具有感染性，也可经胎盘感染胎儿。

3. 临床症状

成年动物多为隐性经过。幼年动物感染后，经 20 ～ 30 d 可能出现症状。犊牛表现为发热、厌食、流涎、淋巴结肿大、贫血、消瘦、尾尖脱毛，发育迟缓。羔羊与犊牛症状相似，但体温变化不明显，严重感染时可死亡。仔猪表现为精神沉郁、腹泻、发育不良，猪严重感染时（1 g 膈肌有 40 个以上的虫体），表现为不安，腰无力，肌肉僵硬和短时间的后肢瘫痪等症状。怀孕动物易发生流产。对动物的另一危害是胴体因大量虫体寄生，使局部肌肉变性变色而不能食用，在食品卫生检验中应严格检验此种寄生虫病。

人作为中间宿主时症状不明显，少数病人发热、肌肉疼痛。人在作为终末宿主时，有厌食、恶心、腹痛和腹泻等症状。猫、犬等肉食动物感染后症状不明显。

4. 病理变化

剖检变化是在心肌和骨骼肌，尤其是后肢、侧腹和腰肌容易发现病变。在常见的寄生肌肉中，顺着肌肉纤维的方向可见有大量的白色包囊。显微镜下检查时可见肌肉中有完整的包囊，也可见到包囊破裂后释放的慢殖子。注意与弓形虫病的区别，前者染色质少，着色不均；后者染色质多，着色均匀。

5. 诊断

生前诊断困难，可用间接血凝试验，结合临床症状和流行病学进行综合诊断。慢性病例死后剖检发现包囊即可确诊。最常寄生的部位是牛为食道肌、心肌和膈肌；猪为心肌和膈肌；绵羊为食道肌和心肌；禽类为头颈部肌肉、心肌和肌胃。

6. 治疗

目前尚无特效药物。急性期可用氨丙啉、氯苯胍、伯氨喹啉。人可用磺胺嘧啶、复方新诺明和吡喹酮。

7. 防制

应加强肉品检验，带虫肉要进行无害化处理；防止猫、犬粪便污染饲料和饮用水；注意个人卫生，不吃生肉或未熟的肉类食品。

7.6　其他孢子虫病

球虫病是艾美耳科艾美耳属和等孢属的虫体寄生于动物的细胞内所引起的疾病。球虫分布极为广泛，动物、家禽、许多鸟类和野生动物等均可感染，其中对鸡、兔、牛、羊和猪的危害最大。球虫具有严格的宿主特异性和寄生部位的选择性，不发生交叉感染。除截形艾美耳球虫寄生于鹅的肾上皮细胞外，其他已知的各种球虫均寄生于宿主消化道的某些器官和组织细胞内。

1. 病原体

球虫卵囊呈椭圆形、圆形或卵圆形，囊壁2层，有些种类在一端有微孔，或在微孔上还有突出的微孔帽（极帽），有的微孔下有 1～3 个极粒，卵内含有一团原生质。具有感染性的卵囊必须含有子孢子，即孢子化卵囊。根据卵囊中孢子囊的有无、数目和每个孢子囊内含有子孢子的数目，将球虫分为不同的属。在动物医学上重要的有 4 个属，区别如下：

（1）艾美耳属。卵囊内含有 4 个孢子囊，每个孢子囊内含有 2 个子孢子。

（2）等孢属。卵囊内含有 2 个孢子囊，每个孢子囊内含有 4 个子孢子。

（3）温扬属。卵囊内含有 4 个孢子囊，每个孢子囊内含有 4 个子孢子。

（4）泰泽属。卵囊内无孢子囊，含有 8 个裸露的子孢子。

2. 生活史

球虫属直接发育型，即不需要中间宿主。宿主吞食孢子化卵囊而感染，在消化液的作用下，子孢子逸出卵囊，多数种的子孢子侵入特定肠段的上皮细胞内进行裂殖生殖。经数代无性繁殖后，一部分裂殖子转化为小配子体，再分裂生成许多小配子（雄性），具有两根鞭毛，能运动；另一部分则转化为大配子（雌性）。大小配子结合为合子，发育成为卵囊。卵囊随宿主粪便排至外界，在适宜的条件下，经数小时或数日发育为孢子化卵囊，即感染性卵囊，被宿主吞食后又重复上述发育过程。裂殖生殖和配子生殖在宿主体内进行，称为内生性发育；孢子生殖是在外环境中完成，称为外生性发育。

7.6.1　鸡球虫病

鸡球虫病是由艾美耳科艾美耳属的球虫寄生于鸡盲肠中引起的疾病。雏鸡发病率和死亡率较高。

1. 病原体

鸡球虫种类很多，目前世界公认的有 7 种，其中危害最大的有艾美耳属的柔嫩艾美耳球和毒害艾美耳球虫两种，分别寄生于盲肠和小肠中段。鸡球虫病对养鸡业危害巨大。

2. 流行病学

（1）感染来源和感染途径。病鸡、耐过鸡和带虫鸡均为感染来源，耐过鸡可持续排出卵囊达 7 个月之久。鸡球虫的感染途径是摄入有活力的孢子化卵囊，凡被污染的饲料、饮用水、土壤或用具等，都有卵囊存在，其他动物、昆虫、野鸟、尘埃及管理人员，都可成为球虫病的机械传播者。

（2）球虫的繁殖力和抵抗力。鸡感染一个孢子化卵囊，7 d 后可排出 100 万个卵囊。卵囊对恶劣的外界环境条件具有很强的抵抗力。温暖潮湿的场所，最有利于卵囊的发育，当气温为 22 ～ 30 ℃时，一般只需 18 ～ 36 h 就可形成子孢子，在阴湿的土壤中可存活 15 ～ 18 个月。一般消毒药无效。但卵囊对高温、低温和干燥敏感，相对湿度 21% ～ 30%，在 18 ～ 40 ℃下，在 1 ～ 5 d 后死亡。

（3）年龄特点。所有日龄和品种的鸡对球虫都有易感性。球虫病一般暴发于 3 ～ 6 周龄雏鸡，主要由柔嫩艾美耳球虫引起，毒害艾美耳球虫常见于 8 ～ 18 周龄的鸡。成年鸡多为带虫者。

（4）流行季节和诱因。发病时间与气温和雨量关系密切，通常在温暖季节流行。北方多见于 4 ～ 9 月，高峰期为 7 ～ 8 月；南方及北方密闭式现代化鸡场，一年四季均可发生，但以温暖潮湿季节多发。鸡舍潮湿、拥挤、通风不良、饲料品质差，以及缺乏维生素 A 和维生素 K，均能促使本病的发生和流行。

（5）宿主特异性。鸡球虫病是宿主特异性和寄生部位特异性都很强的寄生虫。

3. 致病作用

球虫孢子化卵囊被宿主食入后，在消化道经十二指肠液和胰蛋白酶的作用，消化卵囊，子孢子逸出钻入肠上皮细胞进行裂体生殖，产生第一代裂殖体，成熟后连同宿主肠上皮细胞一起崩解，释放出大量裂殖子，裂殖子再进入新的肠上皮细胞进行第二代裂体生殖。这样对宿主肠上皮细胞破坏很大。加之肠道细菌作用，引起肠炎。崩解的上皮细胞被机体吸收，还引起神经症状，共同症状表现为下痢，严重者出现血痢。

4. 临床症状

急性型多见于 50 日龄以内的雏鸡。病初表现不饮不食，缩头闭眼，离群独立，嗉囊积液，下痢，血便；迅速消瘦、贫血、鸡冠苍白；由于自体中毒，从而引起运动失调、翅膀轻瘫等神经病状。末期昏迷或强直痉挛，死前体温下降，死亡率可达 50% ～ 80%，耐过鸡发育受阻。

慢性型多见于 2 月龄以上的幼鸡。病状较轻，病程可达数周至数月，表现为间歇性下痢，嗉囊积液，逐渐消瘦，足、翅轻瘫，产蛋量下降，肉鸡生长缓慢，死亡率低。

5. 病理变化

急性病例多见盲肠充血肿大，黏膜出血，外观呈棕红色，如腊肠状，其内容物为血凝块与脱落上皮形成干硬栓塞物。慢性病例多见于小肠黏膜有出血点和灰白色粟粒状结节。

6. 诊断

用漂浮法检查粪便即可发现卵囊。还可以将粪便或病变部刮取少许，放在载玻片上，与甘油水溶液 1 ～ 2 滴调和均匀，加盖片镜检。注意成年鸡和雏鸡的带虫现象极为普遍，因此不能只根据从粪便和刮取物中发现卵囊就定为本病。

7. 治疗

抗球虫药对球虫生活史早期作用明显，而一旦出现严重症状并造成组织损伤，再用药往往收效甚微。因此，药物预防是关键。若在感染后 96 h 内给药，有时可以降低鸡的死亡率。

（1）磺胺二甲基嘧啶（SM2）。按 0.1% 混入饮用水，连用 2 d；或按 0.05% 混入饮水，饮用 5 d，休药期为 10 d。

（2）磺胺喹恶啉（SQ）。按 0.1% 混入饲料，喂 2 ～ 3 d，停药 3 d 后，用 0.05% 混入饲料，喂药 2 d，停药 3 d，再给药 2 d，无休药期。

（3）氨丙啉。按 0.012% ～ 0.024% 混入饮用水，连用 3 d，无休药期。

（4）碘胺氯吡嗪（三字球虫粉）。按 0.03% 混入饮用水，连用 3 d，休药期为 5 d。

（5）磺胺二甲氧嘧啶（SDM）。按 0.05% 混入饮用水，连用 6 d，休药期为 5 d。

（6）百球清。1 L 水中用百球清 1 mL，在后备母鸡群可混饲或混饮 3 d。

8. 防制

加强饲养管理，大、小鸡分群饲养，密度合理，注意补充蛋白质和维生素，发现病鸡应及时隔离治疗；及时清除粪便并发酵处理；加强卫生检验管理，进入鸡场的人员、车辆和犬猫要严格控制；病死鸡要深埋处理。

采用药物预防，从雏鸡出壳后第一天就开始使用抗球虫药物，各种抗球虫药在使用一段时间后，都会引起虫体的抗药性，甚至抗药虫株，有时对同类的其他药物也产生抗药性，因此，必须合理使用抗球虫药。

肉鸡生产常用以下方案来防止虫体产生抗药性：使用抗球虫药物时应采用穿梭用药和轮换用药的方式，即在开始使用一种药物，至生长期时使用另一种药物。如在 1 ～ 4 周龄时使用一种化学药物，自 4 周至屠宰前使用另一种抗生素。或者每隔一段时间便合理地变换使用抗球虫药。

7.6.2　兔球虫病

兔球虫病是艾美耳科艾美尔属的多种球虫寄生于兔的肝胆管上皮细胞和肠黏膜上皮细胞内引起的一种疾病。

1. 病原体

兔球虫记载的有 14 种，危害最大的是斯氏艾美耳球虫，寄生于肝胆管上皮细胞内，其次为大型艾美耳球虫、梨形艾美耳球虫、肠艾美耳球虫和黄色艾美耳球虫，均寄生于肠上皮细胞内。

2. 流行病学

本病是兔的一种常发病，尤以 4 ～ 5 月龄内幼兔多发，3 月龄最重，其感染率可达 100%，死亡率可达 70%。耐过的病兔长期不能康复，体重可减少 12% ～ 27%。温暖潮湿季节多发。晴雨交替、饲料骤变或单一可促进本病的暴发。仔兔主要通过食入母兔乳房上黏附的卵囊而感染，幼兔主要是通过饲料和饮水而感染。此外，饲养人员、工具、鼠和蝇类等昆虫均可机械地传播本病。成年兔多为带虫者。

3. 临床症状

食欲减退或废绝，精神沉郁，动作迟缓，伏卧不动；眼、鼻分泌物增多，唾液分泌增多；腹泻与便秘交替，尿频；由于肠膨胀、膀胱积尿和肝肿大而出现腹围增大，肝区疼痛；结膜苍白、黄染。后期常出现神经症状，四肢痉挛、麻痹，多因高度衰竭而死亡。病程为 10 余天至数周。病愈后长期生长发育不良。

4. 病理变化

肝脏表面和实质有白色粟粒至豌豆大结节，结节内有虫体；肝硬化、萎缩；肠道扩张、肥厚、黏膜充血、有出血点。

5. 诊断

根据流行病学、临床症状和粪便检查确诊。其中，粪便检查用漂浮法发现卵囊即可确诊。

6. 治疗

可选用以下药物进行治疗：

（1）磺胺六甲氧嘧啶（SMM）。按 0.1% 浓度混入饲料，连用 3 ～ 5 d，隔 1 周再用 1 个疗程。

（2）磺胺二甲基嘧啶（SM2）与三甲氧苄胺嘧啶（TMP）。按 5 : 1 的比例混合后，以 0.02% 浓度混入饲料，连用 3 ～ 5 d，停用 1 周后，再用 1 个疗程。

（3）磺胺喹恶啉钠（克球）粉和苄喹硫酯合剂。分别以 100 mg/kg 和 8.35 mg/kg 剂量混入饲料。

（4）氯苯胍。按 30 mg/kg 混入饲料，连用 5 d，隔 3 d 再用 1 次。

（5）地克珠利（杀球灵）。按 1 mg/kg 混入饲料，连用 1 ～ 2 个月，可预防本病。

7. 防制

幼兔和成兔分笼饲喂；兔舍保持干燥、清洁；加强饲养营养，适时添加药物来预防；消灭兔场内鼠及蚊虫。

项目小结

本项目主要讲述了常见原虫病的病原，病原的形态结构及幼虫、虫卵和中间宿主的形态；分别描述了每种原虫病的生活史、常见的临床症状和病理变化，并强调了诊断方法及防制措施。

一生倾情青蒿素

屠呦呦

屠呦呦，中国中医科学院终身研究员，以"发现青蒿素，开创疟疾治疗新方法"荣获诺贝尔生理学或医学奖。这项成果，为人类带来了一种全新结构的抗疟新药，解决了长期困扰的抗疟治疗失效难题，标志着人类抗疟步入新纪元。这是中国医学界迄今为止获得的最高奖项，也是中医药成果获得的最高奖项。屠呦呦说："青蒿素是人类征服疟疾进程中的一小步，是中国传统医药献给世界的一份礼物。"

20 世纪 60 年代，在氯喹抗疟失效、人类饱受疟疾之害的情况下，中医研究院中药研究所研究实习员屠呦呦于 1969 年接受了国家疟疾防制项目"523"研究任务，并担任中药抗疟组组长，从此与中药抗疟结下了不解之缘。

由于当时的科研设备比较陈旧，科研水平也无法达到国际一流水平，不少人认为这个任务难以完成。屠呦呦却坚定地说："没有行不行，只有肯不肯坚持。"

整理中医药典籍、走访名老中医，她汇集了 640 余种治疗疟疾的中药秘单验方。在青蒿提取物实验药效不稳定的情况下，出自东晋葛洪《肘后备急方》中对青蒿截疟的记载——"青蒿一握，以水二升渍，绞取汁，尽服之"给了屠呦呦新的灵感。

可漫长的寻药过程，是一次次的试错。在中草药青蒿的提取实验进行到第 191 次时，对疟原虫抑制率达到 100% 的青蒿抗疟有效成分"醚中干"才终于出现。

通过改用低沸点溶剂的提取方法，富集了青蒿的抗疟组分，屠呦呦团队终于在 1972 年发现了青蒿素。据世界卫生组织不完全统计，青蒿素作为一线抗疟药物，在全世界范围内已挽救了数百万人的生命，每年治疗患者数亿人。

在发现青蒿素后，屠呦呦继续深入研究以青蒿素为核心的抗疟药物。2019 年 6 月，屠呦呦研究团队经过多年攻坚，在青蒿素"抗疟机理研究""抗药性成因""调整治疗手段"等方面取得新突破，提出应对"青蒿素抗药性"难题的切实可行治疗方案，并在"青蒿素治疗红斑狼疮等适应证""传统中医药科研论著走出去"等方面取得新进展，获得世界卫生组织和国内外权威专家的高度认可。

2000 多年以来，青蒿素类药物作为首选抗疟药物在全球推广。2014 年，全球青蒿素类药物采购量达到 3.37 亿人份。屠呦呦说："中国医药学是一个伟大宝库，青蒿素正是从这一宝库中发掘出来的。未来，我们要把青蒿素研发做透，把论文变成药，让药治得了病，让青蒿素更好地造福人类。"

课 后 思 考

一、选择题

1.夏季，某5周龄散养鸡群食欲不振，腹泻，粪便带血，剖检见小肠中段肠管高度肿胀，肠腔内有大量血凝块，刮取肠黏膜镜检见多量裂殖体。该病可能是（　　）。

  A.弓形虫病　　　　　　　　B.隐孢子虫病　　　　　　　　C.球虫病

  D.住白细胞虫病　　　　　　E.组织滴虫病

2.夏季，某5周龄散养鸡群食欲不振，腹泻，粪便带血，剖检见小肠中段肠管高度肿胀，肠腔内有大量血凝块，刮取肠黏膜镜检见多量裂殖体。引起鸡群感染的是（　　）。

  A.裂殖体　　　　　　　　　B.裂殖子　　　　　　　　　　C.配子体

  D.刚排出的卵囊　　　　　　E.孢子化卵囊

3.球虫的感染途径是（　　）。

  A.经口感染　　B.经皮肤感染　　C.接触感染　　D.经胎盘感染　　E.自身感染

4.兔，2～3月龄，消瘦，腹围增大，腹泻、便秘症状交替出现；剖检见肝脏表面及实质内脏有淡黄色粟粒大小的结节性病灶，多沿胆管分布。该病可能是（　　）。

  A.兔球虫病　　　　　　　　B.肺孢子虫病　　　　　　　　C.豆状囊尾蚴病

  D.线虫病　　　　　　　　　E.连续多头蚴病

5.兔，2～3月龄，消瘦，腹围增大，腹泻、便秘交替出现；剖检见肝脏表面及实质内脏有淡黄色粟粒大小的结节性病灶，多沿胆管分布。该病肝脏可见的主要组织病理学变化是（　　）。

  A.肝细胞脂肪变性　　　　　B.肝脏脂肪浸润

  C.肝细胞凝固性坏死　　　　D.胆管上皮钙化

  E.胆管周围和小叶间结缔组织增生

6.兔，2～3月龄，消瘦，腹围增大，腹泻、便秘交替出现；剖检见肝脏表面及实质内脏有淡黄色粟粒大小的结节性病灶，多沿胆管分布。目前预防该病的有效措施是（　　）。

  A.疫苗免疫　　　　　　　　B.灭蚊

  C.提前断奶　　　　　　　　D.加强营养

  E.饲料添加物

二、思考题

1.简述弓形虫的生活史和防制措施。

2.简述肉孢子虫的生活史和防制措施。

3.简述鸡球虫病的流行病学特点、症状、病理变化、诊断和防制措施。

实训操作

实训 1　吸虫的形态构造观察

【实训目标】

通过观察各种浸渍标本、切片标本和彩色图谱等，掌握各种吸虫的形态并识别典型特征。

【材料准备】

（1）形态构造图。吸虫构造模式图，中间宿主模式图，肝片吸虫、歧腔吸虫等吸虫的形态构造图。

（2）标本。吸虫的浸渍标本和切片标本；各种吸虫中间宿主的标本，感染吸虫的病理标本。

（3）仪器与器材。显微镜、投影仪或多媒体投影仪、平皿、尺子、放大镜。

【方法步骤】

（1）示教讲解。教师用显微镜、投影仪或多媒体投影仪，以歧腔科吸虫（如歧腔吸虫、前后盘吸虫）为代表，讲解吸虫的共同形态构造特征和螺的一般形态。

（2）外部形态构造观察。学生将代表虫种的浸渍标本置于平皿中，在放大镜下观察其一般形态，用尺测量大小。

（3）内部形态构造观察。在生物显微镜或实体显微镜下，观察代表虫种的切片标本。主要观察口、腹吸盘的位置和大小；口、咽、食道和肠管的形态；睾丸数目、形状和位置；雄茎囊的位置；卵巢、卵模、卵黄腺和子宫的形态与位置；生殖孔的位置等。

（4）取代表性螺置于平皿中，观察其形态特征。

【知识要点】

1. 肝片吸虫

成虫寄生于反刍动物的肝胆管里，有时也寄生于兔、猪、猫和人。虫体大，平均大小为（20～30）mm×（8～13）mm。

扁平呈叶状，新鲜虫体呈红褐色，固定后变为灰白色。体表有小刺，头部呈锥状突出，称为头锥，两边扁平的部分称为肩。口吸盘位于头的前端，腹吸盘位于腹面肩的水平位置。

2. 歧腔吸虫

属歧腔科歧腔属的吸虫，在青海主要发现的是中华歧腔吸虫和矛形歧腔吸虫。前端有一小头锥，体前端 1/3 处有肩，整个外形似缩小的肝片吸虫。腹吸盘大于口吸盘。肠管为两枝，末端为盲端，达到体长后端 1/6 ～ 1/5 处。睾丸呈圆形，不规则块状或分瓣，两个对称地并列或斜列在腹吸盘后方，雄茎囊在腹吸盘前方。卵呈椭圆形，位于后方体中线的中部两侧，子宫内充满虫卵，在后方的两肠管之间。

3. 同盘吸虫

鹿同盘吸虫成虫寄生于反刍动物的瘤胃内，有时也可在胆管内发现。虫体呈圆锥形，长 5 ～ 13 mm，宽 2 ～ 5 mm，新鲜虫体呈淡红色，固定后变为灰白色，两个吸盘位于虫体的前端和后端，腹吸盘大于口吸盘，两条盲肠伸达虫体后部，睾丸椭圆形，稍有分叶，前后排列于虫体的中部，睾丸后方有圆形的卵巢，子宫弯曲，内充满虫卵，卵黄腺呈颗粒状，分布于虫体的两侧，生殖孔开口于肠管分枝处的后方。

4. 东毕吸虫

属分体科东毕属的吸虫，在我国发现的有以下四种：

（1）彭氏东毕吸虫。体长大，睾丸有 60 ～ 70 个，圆形，雄虫表面有结节。

（2）土耳其东毕吸虫。体短小，雄虫表面无结节，睾丸有 60 ～ 80 个，小颗粒状，青海较常见。

（3）土耳其东毕吸虫结节变种。雄虫表面有结节，睾丸有 68 ～ 80 个，小颗粒状。

（4）程氏东毕吸虫。睾丸有 53 ～ 99 个，长椭圆形，较大。

5. 日本分体吸虫

雌雄异体，呈线状。

雄虫为乳白色，长 10 ～ 20 mm，口吸盘在体前端，腹吸盘在其后方，具有短而粗的柄与虫体相连。雄虫有抱雌沟，雌虫常居其中，两者常呈雌雄合抱状态。生殖孔开口在腹吸盘后抱雌沟内。没有咽。2 条肠管从腹吸盘之前起，在虫体后 1/3 处合并为一条。睾丸有 7 个，呈椭圆形，在腹吸盘后呈串珠状排列。

雌虫呈暗褐色，长 15 ～ 26 mm。卵巢呈椭圆形，位于虫体中部偏后两肠管之间。输卵管折向前方，在卵巢前与卵黄管合并形成卵模。子宫呈管状，位于卵模前，内含 50 ～ 300 个虫卵。卵黄腺呈分枝状，有规则，位于虫体后端。生殖孔开口于腹吸盘后方。

6. 华支睾吸虫

背腹扁平呈叶状，半透明，长 10 ～ 25 mm，宽 3 ～ 5 mm。口吸盘略大于腹吸盘，相距稍远。消化器官简单，食道短。肠支伸达虫体后端。睾丸分枝，前后排列于虫体后 1/3。卵巢分叶，位于睾丸前。受精囊发达，呈椭圆形，位于睾丸与卵巢之间。卵黄腺由细小的颗粒组成，分布于虫体两侧。子宫从卵模处开始盘绕向前，开口于腹吸盘前缘的生殖孔，内充满虫卵。

7. 主要吸虫的中间宿主

椎实螺：椎实螺科的多种螺蛳是片形吸虫、同盘吸虫和东毕吸虫的中间宿主。本科种类的螺壳大多为右旋，少数为左旋，一般中等大小，有个别属种个体较大，壳长可达 60 mm。壳质薄，稍透明。外形呈耳状、球形、卵圆形到长圆锥形等。常常具有一个短的螺旋部，但有的也具有尖锐的螺旋部，体螺层一般极其膨大。壳面呈黄褐色到褐色。壳口大，一般为长卵圆形。

常大量地栖息在小水洼、池塘、小溪及灌溉渠道内，在海拔 6 000 m 以上的高原水域内也有分布。目前在青海发现有以下两种螺。

（1）耳萝卜螺。外形呈耳状，贝壳较大，较高，一般可达 24 mm，壳宽 18 mm，壳口高 21 mm，壳口宽 14 mm，有四个螺层，螺旋部极短，尖锐，体螺层极其膨大，壳口极大，向外扩张呈耳状，壳口内缘螺轴略扭转。

（2）小土蜗。外形呈膨大的卵圆形，贝壳较小，一般壳高 12 mm，壳宽 8 mm，有 4～5 个螺层，螺旋部高度等于或略大于壳口的高度。

【技能要求】

（1）绘制吸虫形态构造图，标出各器官名称。

（2）将所观察的吸虫形态构造特征填入表 1 中。

表 1　吸虫形态构造特征

标本编号	形状	大小	吸盘大小与位置	睾丸形状位置	卵巢形状位置	卵黄腺位置	子宫形状位置	其他特征	鉴定结果

实训 2　吸虫的粪便检查方法及虫卵识别

【实训目标】

掌握常见吸虫的粪便检查方法，能够识别不同吸虫虫卵并能描述其特征。

【材料准备】

（1）材料。牛、羊新鲜粪便。

（2）仪器和器材。显微镜、粪缸、镊子、粪筛、离心机、载玻片、盖玻片、吸管、玻璃棒、试管、离心试管、恒温箱、水浴箱。

（3）图谱。常见吸虫虫卵形态图。

【方法步骤】

1. 虫卵简易检查法

采用直接涂片法，该法简便易行，但检出率低，只能作为辅助检查方法。在载玻片上滴少许 50% 甘油溶液或清水，取少量粪便混匀，去其粪渣，以涂片半透明能隐约看见字迹为标准，加盖玻片，镜检。

2. 沉淀法

本方法的原理是吸虫虫卵较大，易沉于管底部，此法多用于诊断吸虫卵和棘头虫卵。

（1）彻底洗净法。取 5 ～ 10 g 粪便加少许水搅匀，再加入 10 ～ 20 倍量水充分搅匀后，由金属筛或纱布将粪液过滤到另一杯中，静置 20 min 后，倾去上层液，再加清水，混匀，依上反复多次静置直至上层液透明为止，最后倾去上层液，用吸管吸取沉淀物滴于载玻片上，加盖玻片镜检。

（2）离心沉淀法。取粪便 3 g 置于小杯中，先加入少量的水将粪便充分搅拌，然后加 10 ～ 15 倍水搅匀，用金属筛或纱布将粪液过滤于另一杯中，然后倒入离心管，用天平配平后放入离心机内，以 2 000 ～ 3 000 r/ min 离心沉淀 1 ～ 2 min，取出后倾去上层液，沉渣反复水洗离心沉淀，直至上层液透明为止。最后倾去上层液，用吸管吸取沉淀物滴于载玻片上，加盖玻片镜检。本法可以缩短检查时间。

（3）毛蚴孵化法。本方法为诊断鸟毕吸虫的特用方法。取被检粪便 30 ～ 100 g，经沉淀法集卵后，将沉淀物倒入 500 mL 三角烧瓶内，加温清水至瓶口，置于 22 ～ 26 ℃孵化，分别于第 1、3、5 h，用肉眼或放大镜观察并做记录。必要时吸出在显微镜下观察。当气温升高时，毛蚴孵出迅速。因此，在沉淀集卵时应严格掌握换水时间，以免洗去毛蚴而出现假阴性结果。

【知识要点】

毛蚴大小一致，呈梭形、灰白色，折光性强；呈直线运动，迅速而均匀，碰壁后折向，多分布在距离水面 1 ～ 4 cm 处。

毛蚴易与水中一些原虫如草履虫、轮虫等相混淆。原虫大小不一，形状不定，不透明。不折光；运动缓慢，时游时停，摇摆反滚，方向不定；分布范围广，各水层均可见。

常见吸虫虫卵的鉴别见表 2。

表 2　常见吸虫虫卵的鉴别

虫卵名称	形状	颜色	卵壳特征	内含物	寄生动物
肝片吸虫虫卵	长椭圆形	黄褐色	薄而光滑，卵盖不明显	卵黄细胞充满	牛、羊、骆驼等
大片吸虫虫卵	长椭圆形	黄褐色	薄而光滑，一端有卵盖	卵黄细胞充满	牛
歧腔吸虫虫卵	卵圆形，不对称	黄褐色	卵盖明显，壳厚	毛蚴	牛、羊、骆驼、鹿、人等
同盘吸虫虫卵	长椭圆形	灰白色	卵盖明显，薄而光滑	卵黄细胞偏一侧	牛、羊、骆驼、鹿等
东毕吸虫虫卵	长椭圆形	浅黄色或无色	一端有小刺，另一端有钮状物	毛蚴	牛、羊
日本分体吸虫虫卵	椭圆形	浅黄色	一端有小刺，无卵盖	毛蚴	牛、羊、猪、人等
华支睾吸虫虫卵	灯泡形	黄褐色	卵壳厚，卵盖较明显	毛蚴	犬、猫、人等

【技能要求】

熟练按照各种粪便检查法操作并写出实习报告。

实训 3　绦虫蚴的形态观察

【实训目标】

（1）掌握绦虫蚴的一般形态构造。

（2）学会观察患病器官病理变化。

【材料准备】

（1）形态构造图。绦虫蚴构造模式图，棘球蚴、多头蚴、细劲囊尾蚴及其成虫的形态构造图。

（2）标本。绦虫蚴的浸渍标本和病理标本。

（3）仪器和器材。显微镜、投影仪或多媒体投影仪、放大镜、平皿、瓷盘、尺子。

【方法步骤】

（1）示教讲解。教师用显微镜、投影仪或多媒体投影仪，以选定的代表性虫种为例，讲解其头节、成熟节片和孕卵节片的形态构造特征。

（2）外部形态结构观察。学生将代表虫种的浸渍标本置于瓷盘中，观察外部形态，用尺测量虫体长度及最宽处，测量成熟节片的长、宽度。

（3）内部形态结构观察。在显微镜下观察代表虫体的染色标本，主要观察头节的构造；成熟节片的睾丸分布、卵巢形状、卵黄腺及梅氏腺的位置、生殖孔的开口；孕卵节片的子宫形状和位置等。

【知识要点】

1. 棘球蚴及其成虫细粒棘球绦虫的形态观察

（1）棘球蚴。虫体寄生于多种哺乳动物体内，多见于牛、羊、猪、骆驼等，人也遭受侵袭。寄生部位主要是肝和肺，其他器官也可寄生，但少见。棘球蚴是一个充满液体的囊泡，囊壁有两层，外层较厚为角皮层，内层较薄为胚层。角皮层系由胚层分泌而成，有光泽，乳白色，较脆。胚层向囊内长出许多育囊和头节样的原头蚴，可分泌角皮层而成子囊。子囊、育囊和原头蚴亦可自胚层脱落，悬浮于棘球液，统称为棘球砂或包囊砂。育囊及子囊的胚层仍长有原头蚴，一个棘球可长有许多原头蚴，而一个原头蚴在终末宿主体内发育为一条成虫。有时，棘球蚴有外生现象，即向包囊之外衍成子囊。

（2）细粒棘球绦虫。虫体寄生于犬、狼等肉食动物的小肠里。虫体很小，长 5～6 mm，头节具顶突及 4 个吸盘，顶突有大小两圈小钩共 28～46 个，顶突上有若干个顶突腺。

链体仅具未成熟节片、成熟节片和孕卵节片各一节，偶尔多一节。成熟节片中有雌雄性生殖器官、睾丸 44 ～ 56 个、捻转状的输精管、梨形的雄茎囊、肾状的卵巢及梅氏腺和阴道。孕卵节片的子宫具有侧囊。

2. 多头蚴及其成虫多头绦虫的形态观察

（1）多头蚴。虫体寄生于绵羊、山羊、牛、马等动物的脑和脊髓里，也见于人。多头蚴是充满液体的包囊，在宿主器官内发育较慢，完全长成的虫体直径可达 5 cm 以上。肉眼可见囊壁上附着有许多小的白色头节，可达数百个，镜检头节时，可见有四个吸盘和一个顶突，并长有两排小钩，有 22 ～ 32 个。

（2）多头绦虫。虫体寄生于犬、狼、狐狸和其他肉食动物的小肠里，长 40 ～ 100 cm，头节小，有四个吸盘，顶突上有两排小钩，共 22 ～ 32 个。孕卵节片内的子宫有 9 ～ 26 个侧枝，链体中部节片呈四方形，后端多呈长方形，成熟者呈瓜子状。

3. 细颈囊尾蚴及其成虫泡状带绦虫的形态观察

（1）细颈囊尾蚴。虫体寄生于猪、绵羊、山羊、牛等动物的浆膜、网膜、肠系膜和肝内，也是充满液体的包囊，直径可达 5cm 以上，它的特征是囊壁上有一个细长的颈，颈的前端有一翻转的头节。头节上有 4 个吸盘和一个顶突，并有大小两排小钩，共 26 ～ 32 个，囊被宿主所形成的结缔组织膜包围着。

（2）泡状带绦虫。虫体寄生于犬、狼、狐的小肠内。虫体长 1.5 ～ 5 m，由 250 ～ 300 个节片组成，节片的波状边缘部分罩于下节之上，头节球形，上有 4 个吸盘和两排小钩。每节节片上有一组雌雄性生殖器官，生殖孔开口于节片边缘，呈不规则排列。子宫呈袋状纵列于节片的中部，卵巢呈叶状，左右排列于节片的后部，卵黄腺在卵巢的下方，睾丸数目很多，散布在节片里。孕卵节片内的子宫，向两侧各分出 5 ～ 10 个侧枝。

【技能要求】

（1）绘制代表性绦虫的头节、成熟节片和孕卵节片的形态构造图并标出各部分的名称。

（2）能够准确识别各种绦虫及绦虫蚴。

实训 4　绦虫的形态观察

【实训目标】

（1）掌握牛、羊消化道绦虫的一般形态构造，观察中间宿主形态。

（2）学会观察患病器官的病理变化。

【材料准备】

（1）形态构造图。绦虫及中间宿主的构造模式图。

（2）标本。绦虫及中间宿主的浸渍标本和切片标本。

（3）仪器和器材。显微镜、投影仪或多媒体投影仪、放大镜、平皿、瓷盘、尺子。

【方法步骤】

（1）示教讲解。教师用显微镜、投影仪或多媒体投影仪，以选定的代表性虫种为例，讲解其头节、成熟节片和孕卵节片的形态构造特征。

（2）外部形态结构观察。学生将代表虫种的浸渍标本置于瓷盘中，观察外部形态，用尺测量虫体长度及最宽处，测量成熟节片的长、宽度。

（3）内部形态结构观察。在显微镜下观察代表虫体的染色标本，主要观察头节的构造；成熟节片的睾丸分布、卵巢形状、卵黄腺及梅氏腺的位置、生殖孔的开口；孕卵节片的子宫形状和位置等。

【知识要点】

1. 莫尼茨绦虫的形态观察

（1）扩展莫尼茨绦虫。为一种体型较大的绦虫，体长可达 600 cm，宽 1.6 cm，头节上有 4 个吸盘，无顶突和小钩，节片的宽度大于长度，边缘比较整齐。在每一成熟节片的两侧各有一组雌雄性生殖器官，卵巢与卵黄腺围绕成环形，均位于纵排泄管的内侧，子宫为一细长的管交织成网状，当子宫充满卵时，即变成囊状。睾丸很多，呈球状，分布在左右纵排泄管之间，各个睾丸的输出管联合成为输精管，与雌性生殖孔并列的雄茎囊相通，孕卵节片被充满虫卵的子宫所填满，其他器官均消失，每一节片的后缘有一行呈颗粒状的节间腺。节间腺的有无及其形态在种的鉴别上具有重要的意义。

（2）贝氏莫尼茨绦虫。与扩展莫尼茨绦虫在外形上非常相似，但虫体比扩展莫尼茨绦虫要宽，但这并不能作为鉴别的依据。唯一的区别是节间腺呈小点状，密集起来构成带状，分布于节片后缘的中央。

2. 曲子宫绦虫的形态观察

虫体长 200 cm，宽 12 mm，节片很短，每一成熟节片内有一组雌雄性生殖器官，生殖孔位于节片的侧缘上，左右不规则地交替排列。雄茎囊向外突出，使边缘呈不整齐的外观。睾丸在排泄管外侧，卵巢和卵黄腺位于纵排泄管的内侧。子宫弯曲很多，卵近于圆形，两边较平，没有梨形器，每 3～8 个虫卵包在一个子宫周器官内，每个孕卵节片内有许多子宫周器官。

3. 无卵黄腺绦虫的形态观察

虫体长 200～300 cm，宽 3 mm，节片极短，不易用肉眼分辨出它们的分节，在节片中央可以看到一条白线状物，是各节子宫的连续，每一节片内有一组雌雄性生殖器官，生殖孔呈不规则排列，睾丸位于纵排泄管两侧，卵巢位于生殖孔开口的一侧，没有卵黄腺。卵内无梨形器，被包在一个厚壁的子宫周器官内，每个孕卵节片内有几个子宫周器官。

【技能要求】

（1）绘制代表性绦虫的头节、成熟节片和孕卵节片的形态构造图并标出各部分的名称。

（2）能够准确识别各种绦虫及中间宿主的形态。

实训 5　线虫的形态观察

【实训目标】

通过形态观察掌握常见线虫的形态特征。

【材料准备】

（1）形态构造图。常见线虫的形态构造图、模式示意图。

（2）标本。常见线虫的浸渍标本、切片标本及部分标本图片。

（3）仪器及器材。投影仪或多媒体投影仪、显微镜或实体显微镜、放大镜、解剖针、培养皿。

【方法步骤】

（1）示教讲解。教师讲解常见线虫的一般形态构造特征、圆线目雄虫尾端构造。

（2）标本。学生进行牛羊消化道线虫、网尾线虫、猪禽蛔虫标本、肌旋毛虫标本的观察，在显微镜下比较其形态特征。

【知识要点】

一、尾感器纲

（一）杆形目

1. 类圆科

口腔短或缺，食道细长。雌虫尾短，阴门位于体后 1/3 处，生殖器官呈双管型，卵巢弯曲，卵胎生或胎生。寄生于哺乳动物的肠道内。

2. 小杆科

雄虫尾部无尾翼，口腔呈圆柱状，具有 3 ～ 6 个不发达唇片。

（二）圆线目

1. 毛圆科

小型毛发状虫体，口囊小或无。雄虫交合伞侧叶发达，背叶不明显。雌虫阴门大多位于虫体后半部，有阴门盖或无。主要寄生于反刍动物的消化道内。

2. 圆线科

多数有叶冠，口囊发达，其中常具有背沟，基部多数有齿。雄虫交合伞发达，肋典型，交合刺细长。雌虫阴门距肛门近。绝大多数寄生于哺乳动物。

3. 盅口科（毛线科）

口囊小，有或无颈沟，有明显的叶冠。雄虫交合伞发达，背叶显著。种类繁多，形态复杂。寄生于哺乳动物和两栖动物的消化道内。

4. 网尾科

口缘有 4 个小唇片，口囊小。雄虫中、后侧肋大部融合，仅末端分开，交合刺短粗。雌虫生殖孔在中部。寄生于动物的呼吸道和肺部。

5. 后圆科

口不发达或退化，虫体前端有 2 个三叶状侧唇。雄虫交合伞小，中侧肋大，后侧肋短小，交合刺细长。雌虫生殖孔在体后部。卵胎生。寄生于哺乳动物的呼吸系统。

6. 原圆科

雄虫交合伞不发达，交合刺呈多孔性栉状。雌虫阴门距肛门近。卵生。寄生于哺乳动物的呼吸系统及循环系统。

7. 比翼科

虫体短粗，口囊发达，无齿或切板。雄虫明显小于雌虫，交合伞发达，交合刺等长或不等长。雌虫生殖孔位于体前部或中部。雄虫通常以其交合伞附着于雌虫生殖孔处，构成 Y 形外观，雌雄虫一生均处于交配状态。卵生。寄生于鸟类及哺乳动物的呼吸道和中耳。

8. 钩口科

具大的向背侧弯曲的口囊，口边缘具齿或切板，无叶冠。雄虫交合伞发达。雌虫阴门在中部前或后。寄生于哺乳动物的消化道内。

9. 冠尾科

虫体粗壮，口囊发达，基部有齿，口缘有退化的叶冠，食道球后部呈花瓶状。雄虫交合刺较粗短。寄生于哺乳动物的肾及周围组织。

10. 裂口科

虫体细长，口腔发达，底部有齿或无齿，口孔周围无叶冠。雄虫交合伞分成两个大侧叶和一个背叶。雌虫阴门位于后部。卵生。寄生于禽类肌胃角质膜下，偶见于腺胃。

（三）蛔目

1. 蛔科

有 3 个大唇片。食道简单，肌质圆柱形，后部无腺胃或盲突。雄虫尾部无尾翼膜，具有多数肛乳突，交合刺无引带。雌虫尾部呈圆锥形，阴门位于虫体前部。卵生。寄生于哺乳动物的肠道内。

2. 弓首科

体侧具有颈翼膜，头端具 3 个唇片，无中间唇，食道肌后部有球形或亚长圆形腺胃。雄虫尾部有指状突起，尾翼膜有或缺，有多数肛前乳突和 5 对肛后乳突，交合刺等长或稍不等长，无引带。雌虫阴门位于虫体前部，后子宫。卵生。寄生于肉食动物的肠道内。

3. 禽蛔科

体侧具有狭侧翼膜，头端钝，口围有 3 个唇片，食道肌质简单，无食道球或腺胃。雄虫有发达或狭的尾翼膜，尾端尖，具有角质的肛前吸盘，肛乳突大。雌虫尾部呈圆锥形，阴门位于中部。卵生。寄生于鸟类。

（四）尖尾目

1. 尖尾科

虫体小至中等，口围有 3 个唇片分瓣或不分，无明显的口腔。雄虫尾部钝圆具翼膜。多数无肛前吸盘，交合刺 1 根、2 根或缺，有或无引带。雌虫尾部常细长呈锥状，阴门位于体前部，少数在后部。卵生，少数为胎生。寄生于哺乳动物的消化道内。

2. 异刺科

头端钝，口围有 3 片唇，口腔小或缺，食道呈圆柱形，后部具有发达的食道球。雄虫尾尖，具有肛前吸盘和多数肛乳突，交合刺不等长或稍不等长。雌虫尾部长而渐尖，阴门位于体中部附近。卵生。寄生于两栖、爬行、鸟类和哺乳动物的肠道内。

（五）旋尾目

1. 吸吮科

虫体细长，体表角皮具有横纹，口无唇或有 2 个分为 3 瓣的唇，口腔宽短，食道全肌质呈圆柱形。雄虫尾部弯向腹面，短钝或细长，无尾翼膜，具有多数肛乳突，交合刺不等长，形态不同。雌虫尾部钝，阴门位于食道部或近于肛门。胎生。寄生于哺乳动物、鸟类眼部组织。

2. 尾旋科

口周围有 6 个柔软组织构成的圆团状结构。寄生于肉食动物。

3. 柔线科

虫体中等大小，体表一侧或两侧具有侧翼，头端具有假唇，口腔呈圆柱状或漏斗状，食道分为短的肌质部和长的腺质部。雄虫尾部旋曲，尾翼膜发达，具有柄乳突和无柄的小乳突，交合刺不等长，有或无引带。雌虫尾部钝圆，阴门近于体中部。卵生。寄生于哺乳动物的胃黏膜下。

4. 华首科（锐形科）

虫体细长，头端具 2 个大侧唇，头部具有 4 条角质的饰带，常无侧翼膜，食道分为短的肌质部和粗长的腺质部。雄虫具有尾翼膜，肛前乳突 4 对和不同数目的肛后乳突具柄，交合刺不等长，形态不同，无引带。雌虫尾部呈圆锥形，阴门位于体后部。卵生。寄生于鸟类的消化道、腺胃或肌胃角质膜下。

5. 颚口科

口具有 3 片侧唇，唇后接头球，头球有明显的横纹或钩。雄虫有尾翼膜，上有具柄的乳突数对。交合刺等长或不等长。雌虫阴门位于体后半部。卵生。寄生于鱼类、爬行类和哺乳动物的胃、肠，偶见于其他器官。

6. 泡翼科

虫体粗，头端具有 2 个大的三角形侧唇，无口囊，食道分为肌质部和腺质部。雄虫尾翼膜发达，交合刺等长或稍不等长，形状相同或不同。雌虫阴门位于体前或后部。卵生。寄生于脊椎动物的胃或小肠内。

7. 四棱科

虫体两性异形。雄虫体小呈线形，角皮具棘或无棘，尾部尖，无尾翼膜，交合刺不等长，肛乳突小无柄。雌虫体部膨大呈四棱形或有扭曲，头部具2个侧唇，口腔小，尾部尖，阴门近肛门，子宫发达。卵生。寄生于家禽和鸟类的腺胃黏膜下。

8. 筒线科

虫体细长，口围有4个或6个小唇，口腔短小呈圆柱状。雄虫尾部具有翼膜，交合刺不等长，形态不同，有或无引带。雌虫尾部钝圆，阴门位于体后半部。卵生。寄生于鸟类和哺乳动物的食道和胃壁内。

（六）丝虫目

1. 腹腔丝虫科（丝状科）

虫体细长，角皮有细横纹，口围有角质环。雄虫尾部旋曲，交合刺不等长，形态不同，具4对肛前乳突和3～4对肛后乳突。雌虫尾部弯向背面，阴门位于食道部。卵胎生。寄生于哺乳动物的腹腔。微丝蚴具鞘膜，在宿主的血液中。

2. 丝虫科

虫体呈线状，角皮光滑或有细横纹，口简单围有角质环，食道分为两部或不分部。雄虫尾部旋曲，有尾翼膜或缺，交合刺不等长，形状不同，有3～4对肛前和肛后乳突。雌虫尾部尖，阴门位于食道部。卵生。寄生于哺乳动物的结缔组织。

3. 盘尾科

虫体细长呈丝状，角皮具横纹和螺旋形，口简单无唇，食道分部或不分部。雄虫尾部短，交合刺不等长，形态不同，具多数肛乳突，常排列不对称。雌虫尾部钝圆或锥形，阴门位于食道部。胎生。微丝蚴无鞘膜。寄生于哺乳动物的结缔组织。

4. 双瓣科

虫体细长，角皮光滑，头乳突小而不显著，食道分为肌质部和腺质部。雄虫尾部具尾翼膜或缺，交合刺不等长，形态不同，或等长形态相似，具有肛前和肛后乳突。雌虫尾部长而尖，或短圆钝，阴门位于体前部。胎生。寄生于脊椎动物的心或结缔组织。

（七）驼形目

龙线科的虫体细长呈丝状，雌虫明显比雄虫长。头端圆钝，口简单，食道分为短的肌质部和粗长的腺质部。雄虫尾部弯向腹面，尾端尖，交合刺等长或不等长，有或无肛乳突。雌虫尾部呈圆锥形或具有尾突，阴门位于虫体中部稍后或体后部，虫体成熟时阴门和阴道萎缩。胎生。寄生于鸟类皮下组织，或哺乳动物的结缔组织中。甲壳类动物为中间宿主。

二、无尾感器纲

（一）毛尾目

1. 毛形科

虫体细小，口简单，食道细长。雄虫尾部具1对圆锥形突，无交合刺和刺鞘。雌虫尾端钝圆，阴门位于食道区。胎生。成虫寄生于哺乳动物的肠道内，幼虫寄生于肌肉。

2. 毛尾科

虫体前部细长，后部明显短粗，口简单无唇。雄虫有交合刺 1 根。雌虫尾钝圆，阴门位于粗细交界处。卵生，卵壳厚，两端具塞。寄生于哺乳动物的肠道内。

3. 毛细科

虫体细长，食道肌质短。雄虫尾部钝，交合刺 1 根，细长。雌虫尾部钝圆，阴门位于体中部前后。卵生，虫卵两端具塞。寄生于脊椎动物的消化道或尿囊。

（二）膨结目

膨结科属大型虫体。角皮具粗横纹，有或无棘。口具唇或无唇。食道长，无后食道球。雄虫尾端有钟形交合伞，但无辐肋，有 1 根长的单管型交合刺。雌虫阴门在虫体前部或近肛门，阴道甚长。寄生于哺乳动物的肾、腹腔、膀胱和消化道，或鸟类。

（1）捻转血矛线虫。虫体寄生于反刍动物的第四胃内。它是一种大型的毛状线虫，前端尖细，口囊小，背侧有一小齿，颈乳突较大。雄虫长 11.5 ～ 22.0 mm，淡红色，交合伞的侧叶发达，背叶小而不对称，偏于左侧。交合刺一对，棕色，等长，0.415 ～ 0.609 mm，远端缩小变细，每个交合刺除了具有分枝外，还具有倒钩一个，且两个倒钩位置不在同一水平线上，导刺带梭形。雌虫长 16.5 ～ 32.0 mm，由于白色的生殖器官与红色的消化器官相互捻转，形成红白相间的特征，阴门开口于虫体的后部，并有一个显著的阴门盖。

（2）羊仰口线虫。虫体寄生于绵羊和山羊的小肠内，虫体前端向背侧弯曲，口囊大，呈漏斗状，腹面有一对半月状切板，基部有一个长的背齿和两个短的亚腹齿。雌虫长 17 ～ 22 mm，阴门开口于虫体前 1/3 处。雄虫长 12 ～ 15 mm，交合伞的背肋分枝不对称，右侧外背肋细长，在背肋的基部分出，左侧外背肋短，在全长的中央部分分出。交合刺一对，褐色，等长，长 0.61 ～ 0.66 mm。

（3）牛仰口线虫。虫体寄生于牛的小肠内。雄虫长 14 ～ 19 mm，交合刺长 4.26 ～ 4.67 mm。雌虫长 17 ～ 26 mm。与羊仰口线虫不同点在于口囊内背齿短，并具有二对亚腹齿，将交合刺长得多。

（4）夏伯特线虫。虫体寄生于反刍动物的大肠里。发现的有以下两种。

①绵羊夏伯特线虫。虫体呈淡黄色，头段向腹面弯曲，大而无齿，口囊前缘有两圈小的三角形叶冠，腹侧面有浅的颈沟，前方形成稍膨大的头泡。雄虫体长 15.2 ～ 18.7 mm，交合伞短，背叶稍长于侧叶，腹肋、中侧肋和背肋均达伞的边缘，前侧肋和外背肋一般不达伞的边缘。交合刺一对，上具有横纹，长 2.09 ～ 2.46 mm，尾端有不大的附属物，阴道短，长 0.19 ～ 0.33 mm。

②叶氏夏伯特线虫。虫体形状与绵羊夏伯特线虫相似，雄虫体长 14.2 ～ 17.0 mm，雌虫体长 17.0 ～ 25.0 mm。与绵羊夏伯特线虫不同的地方是无颈沟和头泡，外叶冠呈圆形，内叶冠狭长。交合伞腹肋与侧腹肋长度不等，后者可伸达伞的边缘。交合刺长 2.15 ～ 2.48 mm，导刺带呈铲状，雌虫阴道长 0.40 ～ 0.56 mm。

【技能要求】

（1）绘制线虫雄虫尾部交合伞形态构造图并标出各部分的名称。

（2）绘制肌旋毛虫特征图，并用文字说明。

（3）能够准确识别常见线虫的形态特征。

实训 6　肌旋毛虫检查方法

【实训目标】

掌握肌旋毛虫常见的检查方法——肌肉压片法。

【材料准备】

（1）仪器及器材。显微镜、旋毛虫压定器、剪子、镊子、载玻片、盖玻片、纱布、污物桶。

（2）材料。猪膈肌肉。

【方法步骤】

1. 肉样采集

在动物死亡或屠宰后，采集新鲜的膈肌。

2. 肌肉压片法的操作步骤

取左右两侧膈肌脚肉样，先用手撕去肌膜，然后用弯头剪子顺着肌纤维的方向，随机采取 28 粒米粒大小的肉样（最好是两侧），依次将肉粒贴附于夹压玻璃片上。取另一张载玻片覆盖于肉粒上，旋动加压片的螺丝或用力压迫载玻片，将肉粒压成厚度均匀的薄片，并在将其固定后进行镜检。

【技能要求】

熟练掌握肌肉压片法的操作步骤。

实训 7　蠕虫学粪便检查法

【实训目标】

掌握常见蠕虫（卵）的检查方法。

【材料准备】

（1）仪器与器材。粪缸、粗天平、镊子、粪筛、试管架、载玻片、盖玻片、显微镜。

（2）粪检材料。动物粪便。

（3）药品。饱和盐水。

【方法步骤】

一、粪样采集及保存方法

1. 粪样采集

被检粪样应该是新鲜且未被污染的，最好从直肠采取。大动物按直肠检查的方法采集；小动物可将食指套上塑料指套，伸入直肠直接钩取粪便。自然排出的粪便，要采取粪堆上部未被污染的部分。采取的粪便应装入清洁的容器内。采集用品最好一次性使用，如多次使用则每次都要清洗，相互不能污染。

2. 粪样保存

采取的粪便应尽快检查，否则，应放在冷暗处或冷藏箱中保存。当地不能检查需送出或保存时间较长时，可将粪样浸入加温至 50～60 ℃、5%～10% 的福尔马林溶液中，使其中的虫卵失去活力，但仍保持固有形态，还可以防止微生物的繁殖。

二、虫体及虫卵简易检查法

（一）虫体肉眼检查法

1. 适用范围

既适用于对绦虫的检查，也适用于某些胃肠道寄生虫病的驱虫诊断。

2. 操作方法

对于较大的绦虫节片和大型虫体，在粪便表面或搅碎后即可观察。对于较小的绦虫节片和小型虫体，将粪样置于较大的容器中，加入 5～10 倍量的水（或生理盐水），彻底搅拌后静置 10 min，然后倾去上层液，再重新加水、搅匀、静置，如此反复数次，直至上层液体透明为止，即反复水洗沉淀法。最后倾去上层液，每次取一定量的沉淀物放在黑色浅盘（或衬以黑色背景的培养皿）中观察，必要时可用放大镜或实体显微镜检查，发现虫体和节片则用分离针或毛笔取出，以便进一步鉴定。

（二）直接涂片法

1. 适用范围

适用于随粪便排出的蠕虫卵（幼虫）和球虫卵囊的检查。本法操作简便、快速，但检出率较低。

2. 操作方法

取 50% 甘油水溶液或普通水 1 ～ 2 滴放于载玻片上，取火柴头大小的被检粪样与之混匀，剔除粗粪渣，加盖玻片镜检。

（三）尼龙筛淘洗法

1. 适用范围

适用于体积较大虫卵（如片形吸虫卵）的检查。本法操作迅速、简便。

2. 操作方法

取 5 ～ 10 g 粪便置于烧杯或塑料杯中，先加入少量的水，使粪便易于搅开。然后加入 10 倍量的水，用金属筛（6.2×10^4 孔 /m^2）或纱布过滤于另一杯中。将粪液全部倒入尼龙筛网，先后浸入 2 个盛水的盆内，用光滑的圆头玻璃棒轻轻搅拌淘洗。最后用少量清水淋洗筛壁四周与玻璃棒，使粪渣集中于网底，用吸管吸取后滴于载玻片上，加盖玻片镜检。

三、沉淀法

沉淀法的原理是虫卵可自然沉于水底，便于集中检查。本方法多用于体积较大虫卵的检查，如吸虫卵和棘头虫卵。

1. 彻底洗净法

取粪便 5 ～ 10 g 置于烧杯或塑料杯中，先加入少量的水将粪便充分搅开，然后加入 10 ～ 20 倍量的水搅匀，用金属筛或纱布将粪液过滤于另一杯中，静置 20 min 后倾去上层液，用反复水洗沉淀法，直至上层液透明为止。最后倾去上层液，用吸管吸取沉淀物滴于载玻片上，加盖玻片镜检。

2. 离心沉淀法

取粪便 3 g 置于烧杯或塑料杯中，先加入少量的水将粪便充分搅开，然后加入 10 ～ 15 倍量水搅匀，用金属筛或纱布将粪液过滤于另一杯中，然后倒入离心管，用天平配平后放入离心机内，在转速 2 000 ～ 2 500 r/ min 的条件下离心沉淀 1 ～ 2 min，取出后倾去上层液，用反复水洗沉淀法，多次离心沉淀，直至上层液透明为止。最后倾去上层液，用吸管吸取沉淀物滴于载玻片上，加盖玻片镜检。本方法可以缩短检查时间。

四、漂浮法

漂浮法的原理是用比重较虫卵大的溶液作为漂浮液，使虫卵、球虫卵囊浮于液体表面，进行集中检查。本方法对大多数较小的虫卵，如某些线虫卵、绦虫卵和球虫卵囊等有很高的检出率，但对吸虫卵和棘头虫卵检出效果较差。

1.饱和盐水漂浮法

取 5～10 g 粪便置于 100～200 mL 烧杯或塑料杯中，先加入少量漂浮液将粪便充分搅开，再加入约 20 倍的漂浮液搅匀，用金属筛或纱布过滤后，静置 40 min 左右，用直径 0.5～1 cm 的金属圈平着接触液面，提起后将液膜抖落于载玻片上，如此多次蘸取不同部位的液面，加盖玻片镜检。

2.浮聚法

取 2 g 粪便置于烧杯或塑料杯中，先加入少量漂浮液将粪便充分搅开，再加入 10～20 倍的漂浮液搅匀，用金属筛或纱布将粪液过滤于另一杯中，然后将粪液倒入青霉素瓶，用吸管加至凸出瓶口为止。静置30 min后，用盖玻片轻轻接触液面顶部，提起后放入载玻片上镜检。

最常用的漂浮液是饱和盐水溶液，其制法是将食盐加入沸水中，直至不再溶解生成沉淀为止，1 000 mL 水中约加食盐 400 g。用四层纱布或脱脂棉过滤后，冷却备用。为了提高效果，还可用硫代硫酸钠、硝酸钠、硫酸镁、硝酸铵和硝酸铅等饱和溶液作为漂浮液，大大提高了检出效果，甚至可用于吸虫虫卵的检查，但易使虫卵和卵囊变形。因此，检查时必须迅速，制片时可补加 1 滴水。

【技能要求】

熟练掌握常见线虫的粪便检查方法，能识别常见线虫虫卵，并能简单描述不同虫卵的形态特征。

实训 8　家畜蠕虫学剖检技术

【实训目标】

掌握寄生虫完全剖检法，通过剖解采集家畜的全部寄生虫标本，并进行鉴定和计数，为诊断和了解蠕虫病的流行情况、防制和研究寄生虫病提供科学依据。

【材料准备】

（1）仪器与器材。解剖刀、解剖剪、镊子、标本瓶、体视显微镜、透视显微镜、贝尔曼法装置、瓷盆、瓷量杯、带胶皮头玻璃滴管、玻璃烧杯、载玻片、盖玻片。

（2）药品。生理盐水、20% 福尔马林、10% 福尔马林、5% 福尔马林、70% 酒精、1% 盐水等。

【方法步骤】

根据实际工作中的不同要求，可将蠕虫学完全剖检技术分为寄生虫学完全剖检法、某个器官的寄生虫剖检法（如旋毛虫的调查等）和对某些器官内的某一种寄生虫的剖检法（如牛血吸虫的剖检收集法）。

一、剖检前的准备

（1）对于因寄生虫病感染而需作出诊断的动物和驱虫药物试验的动物可直接用于寄生虫学剖检。而为了查明某一地区的寄生虫区系时，必须选择确实在该地区生长的动物，并应尽可能包括不同的年龄和性别，同时瘦弱或有临床症状的动物被视为主要的调查对象。也可以采用因病死亡的家畜进行剖解。死亡时间一般不能超过 24 h（一般虫体在病畜死亡 24 ～ 48 h 时崩解消失）。对每头用于寄生虫学剖检的动物都应进行详细记录，如动物种类、品种、年龄、性别、编号、营养状况、临床症状等。

（2）选定的家畜在剖检前先绝食 1 ～ 2 d，以减少胃肠内容物，便于寄生虫的检出。

（3）对家畜进行剖解前，对其体表应作认真检查和寄生虫的采集工作。观察体表的被毛和皮肤有无瘢痕、结痂、出血、皲裂、肥厚等病变，并注意对体外寄生虫（虱、虱蝇、蜱、痒螨、皮蝇幼虫等）的采集。

（4）在进行剖解前最好先取粪便进行虫卵检查、计数，初步确定该畜体内寄生虫的寄生情况，对以后寻找虫体时可能有所帮助。但也应注意，不要因为此时粪便检查结果，忽视了未在粪便中发现虫卵的那些虫体。

（5）剖检家畜进行动脉放血处死，如利用屠宰场的屠畜可按屠宰场的常规处理，但脏器的采集必须符合寄生虫检查的要求。

二、剖检的操作过程

在家畜死亡或被杀后，首先制作血片，染色镜检，观察血液中有无寄生虫。然后进行剖检。

1. 淋巴结和皮下组织的检查及寄生虫的采集

按照一般解剖方法进行剥皮，并观察身体各部淋巴结和皮下组织有无虫体寄生。发现虫体随即采集并作记录。

2. 头部各器官的检查及寄生虫的采集

从头部枕骨后方切下，首先检查头部各个部位和感觉器官。然后沿鼻中隔的左或右约0.3 cm处的矢状面纵形锯开头骨，撬开鼻中隔，进行检查。

（1）检查鼻腔鼻窦。检查鼻腔鼻窦，取出虫体，然后在水中冲洗，沉淀后检查沉淀物。观察有无羊鼻蝇蛆寄生。

（2）检查脑部和脊髓。打开脑腔和脊髓管后先用肉眼检查有无绦蚴（脑多头蚴或猪囊尾蚴），羊鼻蝇蛆寄生。再切成薄片压薄镜检，检查有无微丝蚴寄生。

（3）检查眼部。先眼观检查，再将眼睑结膜及球结膜在水中刮取表层，水洗沉淀后检查沉淀物，最后剖开眼球，将眼房水收集在平皿内，在放大镜下检查是否有丝虫的幼虫、囊尾蚴、吸吮线虫寄生。

（4）检查口腔。检查唇、颊、牙齿间、舌肌、咽等处有无囊尾蚴、蝇蛆、筒线虫、蛭类寄生。

3. 腹腔各脏器的检查及寄生虫的采集

按照一般解剖方法剖开腹腔，先检查脏器表面的寄生虫和病变。再逐一对各个内脏器官进行检查，然后收集腹水，沉淀后，观察其中有无寄生虫。

（1）消化系统的检查及寄生虫的采集。在结扎食道末端和直肠后，先切断食道、胃肠上相连的肝、胰以及肠系膜、直肠末端，取出消化系统。消化系统所属的肝、脾、胰也一并取出。再将食道、胃（反刍动物的四个胃应分开）、小肠、大肠、盲肠分段作二重结扎后分离。胃肠内有大量的内容物，应在1%的盐水中剖开，将内容物倒入液体中，然后对黏膜仔细检查，洗下的内容物则反复加1%的盐水沉淀，待液体清澈无色为止，再取沉渣进行检查。为了检查沉渣中细小的虫体，可在沉渣中滴加碘液，使粪渣和虫体均染成棕黄色，继之以5%的硫代硫酸钠溶液脱色，但虫体着色后不脱色，仍然保持棕黄色，而粪渣和纤维均脱色，易于辨认。

①食道。先检查食道的浆膜面，观察食道肌肉内有无虫体，必要时可取肌肉压片镜检。再剖开或用筷子将食道反转，仔细检查食道黏膜面，有无寄生虫的寄生。用小刀或载玻片刮取黏膜表层，压在两块载玻片之间检查，当发现虫体时，揭开上面的载玻片，用挑虫针将虫体挑出。应注意黏膜面有无筒线虫、纹皮蝇（牛）、毛细线虫（鸽子等鸟类）、狼旋尾线虫（犬、猫），浆膜面有无肉孢子虫（牛羊）寄生。

②胃。先检查胃壁外面。对于单胃动物，可沿胃大弯剪开，将内容物倒在指定的容器

内，检出较大的虫体。然后用 1% 的盐水将胃壁洗净，取出胃壁并刮取胃壁黏膜的表层，把刮下物放在两块玻片之间作压片镜检。洗下物应加 1% 的盐水，反复多次洗涤、沉淀，等液体清净透明后，分批取少量沉渣，洗入大培养皿中，先后放在白色或黑色的背景上，仔细观察并检出所有虫体。在胃内寄生的有马的胃线虫、胃蝇蛆、马蛔虫、猪蛔虫、鸡的棘头虫，多种动物的颚口虫和毛圆线虫等。如有肿瘤时可切开检查。

对反刍动物可以先把第一、第二、第三、第四胃分开。检查第一胃时注意检出胃黏膜上的虫体，然后注意观察与胃壁贴近的胃内容物中的虫体，发现虫体全部检出来，胃内容物不必冲洗。第二、第三胃的检查方法同第一胃，但对第三胃延伸到第四胃的相连处要仔细检查，必要时可以把部分切下，采取同第四胃的检查方法。第四胃的检查方法同单胃动物胃的检查方法。

③肠系膜。分离前先用双手提起肠管，把肠系膜充分展开，然后对着光线从十二指肠起向后依次检查，看静脉中有无虫体（血吸虫）寄生，分离后剥开淋巴结，切成小块，压片镜检。

④小肠。小肠分为十二指肠、空肠、回肠三段，分别检查。先将每段内容物倒入指定的容器内，再将肠壁翻转（将肠浆膜内翻入肠腔内，使其黏膜面翻到外面），然后用 1% 的盐水洗涤肠黏膜面，仔细检出残留在上面的虫体，用反复沉淀法处理沉淀物后，检查沉淀物中所有的虫体。观察是否有毛圆线虫、钩虫、蛔虫、旋毛虫、同盘吸虫、华支睾吸虫、棘头虫及寄生于各种动物的相应绦虫、胃蝇蛆和球虫等。

⑤大肠。大肠分为盲肠、结肠和直肠三段，分段进行检查。在分段以前先对肠系膜淋巴结进行检查。在肠系膜附着部的对侧沿纵轴剪开肠壁，倾出内容物，以反复沉淀法检查沉淀物内寄生虫，对叮咬在肠黏膜上的寄生虫可直接取下，然后把肠壁用 1% 的盐水洗净，仍用反复沉淀法检出洗下物中所有的虫体，将已洗净的肠黏膜面再进行一次仔细检查，最后再取肠黏膜压片检查，以免遗漏虫体。

⑥肝。首先观察肝表面有无寄生虫结节，如有可作压片检查。再沿胆管剪开肝，检查有无寄生虫，其次把肝自胆管的横断面切成数块放在水中用两手挤压，或将其撕成小块，置于 37 ℃温水中，待其虫体自行钻出（贝尔曼氏法原理）。充分水洗后，取出肝组织碎块并用反复沉淀法检查沉淀物。对有胆囊的动物要注意检查胆囊，可以先把胆囊从肝上剥离，把胆汁倾入大平皿内，加生理盐水稀释，先检出所有的虫体，包括黏膜上是否有虫体附着。最后检查胆汁有无虫卵，也可用水冲洗，把冲洗后的水沉淀后，再进行详细检查。

⑦胰腺。用剪刀沿胰管剪开，检查其中虫体，而后将其撕成小块，用贝尔曼氏法分离虫体，并用手挤压组织，在液体沉淀中寻找虫体。

⑧脾。检查方法与胰腺相同。

（2）泌尿系统的检查及寄生虫的采集。将骨盆腔脏器以与消化系统同样的方式全部取出。先进行眼观检查肾周围组织有无寄生虫。注意肾周围脂肪和输尿管壁有无肿瘤及包囊，如发现后切开检查，取出虫体。随后切取腹腔大血管，采取肾。剖开肾，先对肾盂进行肉眼检查，再刮取肾盂黏膜检查，最后将肾实质切成薄片，压于两玻片之间，在放大镜或解剖镜下检查。剪开输尿管、膀胱和尿道，检查其黏膜，并注意黏膜下有无包囊。收集尿液，用反复沉淀法处理，检查有无肾虫的寄生。

（3）生殖器官的检查及寄生虫的采集。检查内腔，并刮取黏膜表面作压片及涂片镜检。怀疑为马媾疫或牛胎儿毛滴虫时，应涂片染色后油浸镜检查。

4. 胸腔各器官的检查及寄生虫的采集

胸腔脏器的采取，按一般解剖方法切开胸壁，注意观察脏器表面有无寄生虫蚴及其自然位置与状态，然后连同食管及气管采取胸腔内的全部脏器，并收集储存在胸腔内的液体，用水洗沉淀法进行寄生虫检查。

（1）呼吸系统的检查及寄生虫采集（肺和气管）。首先，从喉头沿气管、支气管剪开，注意不要把管道内的虫体剪坏，发现虫体即应直接采取；其次，用载玻片刮取黏液加水稀释后镜检；最后将肺组织在水中撕碎，按肝处理法检查沉淀物。对反刍动物肺的检查应特别注意小型肺线虫，可把寄生性结节取出放在盛有微温生理盐水的平皿内，然后分离结节的结缔组织，仔细摘出虫体，洗净后，即行固定。

（2）心脏及大血管的检查及寄生虫的采集。先观察心脏外面，检查心外膜及冠状动脉沟。然后剪开心脏仔细地观察内腔及内壁。将内容物洗于1%的盐水中，用反复沉淀法检查。对大血管也应剪开，特别是肠系膜动脉和静脉要剪开检查，注意是否有吸虫、线虫及绦虫幼虫的存在（对血管内的分体吸虫的收集后），如有虫体，小心取出。马匹应检查肠系膜动脉根部有无寄生性肿瘤。对血液应作涂片检查。

5. 其他部位的检查及寄生虫的采集

（1）膈肌及其他部位肌肉的检查。先从膈肌及其他部位肌肉切取小块，仔细眼观检查，然后作压片镜检。取咬肌、腰肌及臀肌检查囊尾蚴，取膈肌检查旋毛虫及住肉孢子虫。

（2）腱与韧带的检查。有可疑病变时检查相应部位的腱与韧带。注意观察蟠尾丝虫等。

三、禽类的完全剖检技术及寄生虫的采集

先分别采集体表的寄生虫，然后杀死，检查皮肤表面的所有的赘生物和结节，腹部向上置于解剖盘内，拔去颈、胸和腹部羽毛，剥开皮肤后，注意检查皮下组织。

先用外科刀切断连接两个肩胛骨和肱骨背面的肌肉；再用一手固定头的后部，以另一手提取切断的胸骨部，逐渐向脊部翻折；最后完全掀下带肌肉的胸骨，用解剖刀柄把整个腹部的皮肤和肌肉分离开，向两侧拉开皮肤，露出所有的器官。

检查时除应特别注意各脏器的采取外，还可以将消化道分为食管、嗉囊、肌胃、腺胃、小肠、盲肠、直肠等部位，每段进行两端结扎，分别进行寄生虫的检查。嗉囊的检查，先剪开囊壁后，倒出内容物作一般眼观检查，然后把囊壁拉紧透光检查。肌胃的检查，先切开胃壁，倒出内容物，作一般检查后，剥离角质膜再作眼观检查。仔细检查气囊和法氏囊。

其他各脏器的检查方法和上述方法基本相同。各脏器的内容物如限于时间不能当日检查完毕，可在反复沉淀之后将沉淀物中加入4%的福尔马林保存，以待随后检查。在应用反复沉淀法时，应注意防止微小虫体随水倒掉。收集虫体时应避免将其损坏，检出的虫体应随时放入预先盛有生理盐水和记有编号和脏器名标签的平皿内。禽类胃肠道的虫体应在尸体冷却前

检出。

四、食肉动物的完全剖检技术及寄生虫的采集

食肉动物如犬、狼、狐狸等的寄生虫，有些种（如棘球绦虫）是人畜共患寄生虫，在剖检动物时，须严防操作者被感染和污染环境。

1. 剖检前的准备

（1）防护用品的准备。紧袖口工作服、长筒胶靴、乳胶手套、口罩、白帽。

（2）器材、药品的准备。直径 30～40 cm 的瓷盆 3～4 个，长方大型瓷盘 3～4 个，500～1 000 mL 的瓷量杯 2 个，20 cm 左右的长柄镊子 2 把，15 cm 长的钝头剪刀 2 把，无齿组织的镊子 3 把，直径 55 mm 的平皿 4 副，直径 10 cm 左右的平皿 10 副，有刻度（0.5～2 mL）带胶皮头的玻璃滴管 10 支，300 mL 的玻璃烧杯 5 个，载玻片 2 盒，20 mm×20 mm 盖玻片 1 盒，12 cm×6 cm 的普通玻璃块 10～120 块，铁水桶 1 个，肥皂粉 2 包，毛巾 2 条，生理盐水 500 mL，20% 的福尔马林 2 000 mL，10% 的福尔马林 1 000 mL，5% 的福尔马林 500 mL，70% 的酒精 500 mL，1% 的盐水 20L，汽油喷灯 1 台，生石灰若干千克。

（3）地坑的准备。在较偏僻处挖一个地坑，深 2～3m，为了掩埋剖检处理后的尸体、内脏，以及所有污物。有焚尸炉设备的，应将上述各物投入焚尸炉中烧掉。

2. 剖检的操作过程

剖检前先观察体表有无寄生虫，如有寄生虫如蚤、虱、蜱、螨等，直接采集保存于 70% 的酒精中，然后将动物固定于解剖台上（腹部向上），切开腹壁，先检查体腔内有无寄生虫，再查看内脏有无寄生虫病变，然后分别采取胸、腹腔内器官，分别置于盆内。

（1）先将瓷盆编号，用于放置不同肠段内容物，以便计算总虫数。

（2）在 1 000 mL 烧杯中，盛 20% 的福尔马林 400 mL，把剖检时需用的镊子、剪刀、无齿组织镊子、长胶皮头滴管等插入其中，随用随拿。用后插入杯中，禁止在实验台面或地面上随便乱放，以防污染。

（3）剖检及虫体标本的采取。操作者应穿戴防护衣帽、胶靴、手套、口罩，两人为一组，先在每个瓷盆内加入 1% 的盐水 1 000 mL。操作动作要轻快、稳准，防止盛脏器内容物的盐水溅出。一人手持镊子，另一人手握肠管、剪刀，两人合作。剖检消化道时，先剪离肠系膜，注意不要弄破肠壁，使肠管能拉直，把肠管分段，再把小肠放在另一盆内，其余肠段留在原盆内。徐徐剪开小肠壁，边剪边仔细观察有无寄生虫，有虫时则把肠内容物及肠黏膜一起刮入盆中，刮时要慢要稳，防止内容物溅出。如果内容物中小型虫体很多，可以把盆内容物搅匀后，即用带刻度的长胶皮头滴管吸取 10～15 mL，置于直径 55 mm 的玻璃平皿中（每皿内盛 5 mL），在低倍镜下依次全面查虫，分类计数，然后计算出盆内各类虫体的总数。对大型绦虫标本采取时，应将吸附有头节的肠壁部分剪下，连同整个虫体浸入清水中数小时，则绦虫头节即自然与肠壁脱离，如果强行拉下虫体，则吸附于肠壁的头节易与链体断离，损坏标本。取得完整的绦虫标本后，置于清水中漂洗除去黏附的污物，再浸入清水中 8～12 h，使虫体松弛，然后将虫体放置于较大的长方形瓷盘中，倾入 5% 的福尔马林溶液固定。对小型

虫体如棘球属绦虫，放在 1% 的盐水中洗，再移入缓冲液中洗，把洗净的虫体用滴管吸上置于载玻片上，以 2～3 条为一组，盖玻片稍加压力，使虫体变扁薄，但又不破裂，从旁滴加 10% 的福尔马林固定 4 h 以上，然后连载玻片、虫体和盖玻片一同置入盛 10% 的福尔马林的烧杯中，浸泡 1～2 d，再将虫体移入 5% 的福尔马林液中保存。对中型线虫，检出后放在生理盐水中漂洗，和其他肠段的线虫一样，洗净后用 5% 的甘油酒精固定保存。

其他各内脏的处理和标本的采集方法，同前。

在整个剖检过程中，特别是对棘球绦虫患犬的剖检，应时刻注意凡是用过的用具、肠管、内容物、洗液等，绝不能到处乱放，必须煮沸半小时后，待自然冷却到 30 ℃左右，虫卵已被杀灭，再把肠及内容物倒入地坑内。对所有用具要用肥皂、清水洗净。操作者虽然穿戴着防护服装，但应尽量做到不污染。所用手套可浸泡在 10% 的福尔马林液中 1～2 d，工作服煮沸消毒，地面可撒生石灰或用喷灯喷烧。

3. 实验的注意事项

（1）各种寄生虫都有自己的固定寄生部位，在解剖某器官组织时，应注意该器官、组织部位可能有什么寄生虫寄生而有针对性地进行仔细的观察与检查。对于一些季节性寄生虫，还应注意剖检的季节。有些寄生虫受年龄免疫的影响，则应考虑到年龄问题，避免某些寄生虫被遗漏。

（2）在检查过程中，若脏器内容物不能立即检查完毕，可在反复水洗沉淀后，在沉淀物内加 4% 的福尔马林保存，以后再进行详细检查。

（3）注意观察寄生虫所寄生器官的病变，对虫体进行计数，为寄生虫病的准确诊断提供依据。病理组织或含虫组织标本用 10% 的福尔马林溶液固定保存。对有疑问的病理组织应做切片检查。

（4）采集的寄生虫标本分别置于不同的容器内。按有关各类寄生虫标本处理方法和要求进行处理保存，以备鉴定。由不同脏器、部位取得的虫体，应按种类分别计数、保存，均采用双标签，即投入容器中的内标签和容器外贴的外标签，最后把容器密封。内标签可用普通铅笔书写，标签上应记明畜别、编号、虫体类别、数目及检查日期等。

在采集标本时，尚应有登记本或登记表，将标本采集时的有关情况，按标本编号，记于登记表（表3）或登记本上。对虫体所引起的宿主的主要病理变化也应做详细的记载。然后统计寄生虫的种类、感染率和感染强度，以便汇总。

（5）对所有虫体标本必须逐一观察，鉴定到种或属，遇到疑问时应将虫体取出单放，注明来自何种动物脏器及相关资料，然后寄交有关单位协助鉴定。并在原登记表中注明寄出标本的种类、数量、寄出的日期等。对于特殊和有价值的标本应进行绘图，测定各部位尺寸，并进行显微镜照相。已鉴定的虫体标本可按寄生部位和寄生虫种类分别保存，并更换新的标签。

表 3　畜禽寄生虫剖检记录表

编号　　　　　　　检查日期　　　　　　　　　　　年　　　月　　　日

地区									
畜禽别		品种		性别		年龄		营养	产地
病例及其他									
采集寄生虫情况	寄生部位	虫名	数目（条）	瓶号	瓶数	主要病变	备注		
附记									

剖检单位　　　　　　　　　　　　　　　　　　剖检者姓名

【技能要求】

掌握家畜蠕虫学剖检的方法与步骤及蠕虫标本的采集、制作与观察方法并完成实习报告。

实训 9 蜱螨的形态观察

【实训目标】

（1）掌握硬蜱和软蜱的形态特征。

（2）掌握疥螨和痒螨的形态特征。

【材料准备】

（1）形态构造图。硬蜱、软蜱的形态构造图，疥螨、痒螨的形态构造图。

（2）标本。硬蜱、软蜱的浸渍标本和制片标本，疥螨和痒螨的制片标本。

（3）仪器与器材。多媒体投影仪、显微投影仪、显微镜、实体显微镜、放大镜、培养皿。

【方法步骤】

（1）示教讲解。教师讲解各类蜱螨的一般形态特征。

（2）虫体制片观察。学生取各类蜱螨的制片标本，在显微镜下观察其大小、形状等一般形态。

【知识要点】

一、蜱的鉴定要点

蜱的鉴定可根据盾板大小选择未吸饱血的雄蜱，其鉴定要点：盾板形状、大小和有无花斑；刻点的疏密和粗细；有无缘垛；眼的有无；假头基形状；须肢长短和形状；口下板形状和齿式；气门板形状；足基节有无分距；几丁质板数量和形状；颈沟和侧沟长度及深浅度；肛沟位置等。

二、硬蜱科主要属的鉴定要点

1. 硬蜱属

肛沟围绕在肛门前方。无眼。须肢及假头基形状不一。雄虫腹面盖有不突出的板，1个生殖前板、有1个中板、2个肛侧板和2个后侧板。

2. 血蜱属

肛沟围绕在肛门后方。无眼。须肢短，其第2节向后侧方突出。假头基呈矩形。雄虫无肛板。

3. 革蜱属

肛沟围绕在肛门后方。无眼。盾板上有珐琅质花纹。须肢短而宽，假头基呈矩形。各肢基节顺序增大，第4对基节最大。雄虫无肛板。

4. 璃眼蜱属

肛沟围绕在肛门后方。无眼。盾板上无珐琅质花纹。须肢长，假头基呈矩形。雄虫腹面有 1 对肛侧板，有或无副肛侧板，体后端有 1 对肛下板。

5. 扇头蜱属

肛沟围绕在肛门后方。有眼。须肢短，假头基呈六角形。雄虫有 1 对肛侧板和副肛侧板。雌虫盾板小。

【技能要求】

能够识别蜱螨的形态特征并完成实训报告。

实训 10　昆虫的形态观察

【实训目标】

（1）掌握羊鼻蝇蛆、牛皮蝇蛆的形态特征。

（2）掌握认识绵羊虱蝇、虱、吸血昆虫的形态特征。

【材料准备】

（1）形态构造图。羊鼻蝇蛆、牛皮蝇蛆各期发育阶段形态图；吸血昆虫形态图，绵羊虱蝇、血虱、毛虱、羽虱的形态图。

（2）标本。绵羊虱蝇的浸渍标本和制片标本，羊鼻蝇和牛皮蝇成虫的针插标本和第三期幼虫的浸渍标本和病理标本。

（3）仪器与器材。多媒体投影仪、显微投影仪、显微镜、实体显微镜、放大镜、培养皿。

【方法步骤】

（1）示教讲解。教师讲解各类外寄生虫及吸血昆虫的一般形态特征；牛皮蝇、羊鼻蝇和马胃蝇的第三期幼虫的形态特征和鉴别要点。

（2）虫体制片观察。学生取各类外寄生虫及吸血昆虫的制片标本，在显微镜下观察其大小、形状等一般形态。

【技能要求】

（1）绘制各类蜱螨的形态构造图。

（2）绘制各类外寄生虫的形态构造图。

实训 11　梨形虫的形态观察

【实训目标】

掌握梨形虫的形态特征。

【材料准备】

显微镜、投影仪、标本、图谱。

【方法步骤】

（1）示教讲解。教师用显微镜、投影仪或多媒体投影仪，讲解梨形虫的形态特征。

（2）标本观察。学生取巴贝斯虫和泰勒虫的染色标本，在显微镜下观察其大小、形状等一般形态、特征。

【技能要求】

绘制梨形虫的形态图并用文字说明其形态特征。

实训 12　孢子虫形态及病理标本的观察

【实训目标】

掌握孢子虫的形态特征。

【材料准备】

显微镜、投影仪、染色标本、图谱。

【方法步骤】

（1）示教讲解。教师用显微镜、投影仪或多媒体投影仪，讲解鸡球虫孢子化卵囊的形态结构及弓形虫等孢子虫的形态特征。

（2）标本观察。学生取鸡球虫孢子化卵囊的制片标本，在显微镜下观察其形状、大小、颜色、微孔及极帽的有无，以及孢子囊和子孢子的形状、数量、残体等；观察弓形虫等其他孢子虫的染色标本。

【技能要求】

绘制鸡球虫孢子化卵囊模式图并标出各部位分的名称。

实训 13　毛蚴孵化技术

【实训目标】

掌握毛蚴孵化技术，能准确识别孵出的毛蚴。

【材料准备】

（1）器材。烧杯、金属筛、500 mL 三角瓶、尼龙筛网、玻璃瓶、玻璃杯、试管、天平、纱布等。

（2）材料。含有分体吸虫虫卵的被检动物粪样。

【方法步骤】

教师先讲解孵化法的具体操作方法，指出认识毛蚴的方法和注意事项。然后学生分组进行操作。

一、三角瓶沉淀孵化法

取 100 g 粪便置于烧杯中，加 500 mL 水搅拌均匀，以金属筛或纱布过滤到另一杯中，舍去粪渣静置粪液。经 30 min 后倒出一半上层液，再加水静置，经 20 min 后再换水，以后每经 15 min 换水一次，直至水色清亮透明为止。最后将粪渣置于 500 mL 三角瓶中，加水至瓶口 2 cm 处，在 22～26 ℃且有一定光线的条件下孵化。孵化后分别于 1 h、3 h、5 h 在光线充足处进行观察。

二、尼龙筛淘洗孵化法

取 100 g 粪便置于烧杯中，加 500 mL 水搅拌均匀，以金属筛或纱布过滤到另一杯中，舍去粪渣，将粪液再全部倒入尼龙筛网中过滤，舍去粪液，然后边向尼龙筛中加水边晃动，以便洗净粪渣。或者将尼龙筛通过 2～3 道清水，充分淘洗（见尼龙筛淘洗法），直至滤液变清。最后将粪渣倒入 500 mL 三角瓶中，加水后于 22～26 ℃、一定光线的条件下孵化，孵化后 1 h、3 h、5 h 进行观察。

三、顶管孵化法

顶管孵化法的设置是以玻璃瓶、玻璃杯或瓷缸作为容器，容器上加盖（胶塞或木盖），盖上有圆孔、可插入玻璃管或倒插的试管。先将粪便用沉淀法或尼龙筛淘洗法洗净，将洗净的粪渣倒入容器，加水至满后加盖（注意防止漏水），然后由盖的圆孔插入玻璃管或倒插入试管。插入玻璃管后由玻璃管上口加水，直至距管口下 1 cm 处为止；倒插入试管时，试管预先要盛满水，倒插入容器后试管中仍保留一定高度的水柱。最后在 22 ～ 26 ℃温度下，在光亮处进行孵化，在孵化后 1 h、3 h、5 h 观察玻璃管或试管中的毛蚴。

毛蚴为淡白色、折光性强的梭形小虫，多在距 4 cm 的水内呈与水面平行的方向或斜行方向直线运动。在显微镜下观察，毛蚴呈前宽后狭的三角形，前端有一突起。应注意与水中原虫区别。在光线明亮处衬以黑色背景用肉眼观察，必要时可借助手持放大镜。

【实验的注意事项】

（1）粪样必须新鲜，忌用接触过农药、化肥或其他化学药物的纸、塑料布等包装粪便。

（2）用水必须清洁，未被工业污水、农药和化肥或其他化学药物污染；水的酸碱度以 pH6.8 ～ 7.2 为宜；自来水应含氯量少，含氯量高时存放过夜再用；河水、井水、池塘水等应加温至 60 ℃，杀死其中水虫，冷却后使用；水质混浊时，应用明矾澄清后再用，一般每 50 kg 水加明矾 3 ～ 5 g。

（3）洗粪样时应防止毛蚴过早孵出，因此可用 1% ～ 1.2% 的生理盐水代替常水。一般在水温不足 15 ℃时用常水；水温为 15 ～ 18 ℃时，于第一次换水后改用盐水；水温超过 18 ℃时一直用盐水。

（4）孵化温度以 22 ～ 26 ℃为宜，室温不足 20 ℃时应加温。在孵化虫卵时，应保持一定的光线。

【技能要求】

能够绘制毛蚴孵化法的操作流程示意图。

实训 14　幼虫培养与分离技术

【实训目标】

掌握幼虫培养与分离技术。

【材料准备】

（1）仪器及器材。生物显微镜、培养皿、载玻片、盖玻片、乳胶管、玻璃漏斗、小试管、漏斗架、纱布等。

（2）材料。含有线虫卵的动物粪便。

【方法步骤】

一、幼虫培养

将欲培养的粪便加水调成硬糊状，塑成半球形，放于底部铺满滤纸的培养皿内，使粪球的顶部略高出平皿边沿，使之与皿盖相接触。置于 25 ～ 30 ℃温箱或在此室温下培养。7 ～ 15 d 后，多数虫卵即可发育为第三期幼虫，并集中于皿盖上的水滴中。将幼虫吸出置于载玻片上，加盖玻片镜检。在培养过程中，应使滤纸一直保持潮湿状态。

二、幼虫分离

1. 贝尔曼氏法 (Baermann's technique)

先用一小段乳胶管两端分别连接漏斗和小试管，然后置于漏斗架上，漏斗内放置粪筛或纱布，将被检材料放在粪筛或纱布上，加 40 ℃温水至淹没被检材料。静置 1 ～ 3 h 后，大部分幼虫沉于试管底部。拿下小试管后吸取上清液，取沉淀物滴于载玻片上，加盖玻片镜检。也可将整套装置放入恒温箱内过夜后检查。

2. 平皿法

平皿法特别适用于球状粪便。将不超过 40 ℃的少量温水倒入培养皿内，取粪球若干个置于其中，经 10 ～ 15 min 后，弃去粪球，吸取皿内液体滴于载玻片上，加上盖玻片，进行镜检。

【技能要求】

能够绘制幼虫培养和贝尔曼氏法的操作流程示意图。

实训 15　驱虫技术

【实训目标】

熟悉动物驱虫的方法步骤，掌握驱虫效果的判定方法。

【材料准备】

（1）材料。实验动物猪、羊、牛等。

（2）仪器及器材。盆、盘、玻璃缸、平皿、量杯、放蠕虫的试管、小解剖刀、标本针、镊子、解剖针、注射器、显微镜、手提放大镜、载玻片、盖玻片、麦氏计数板、小标本瓶。

（3）药品。伊维菌素注射液、0.9% 生理盐水、饱和盐水。

（4）其他。棉花和纱布、毛巾、肥皂、普通水、铅笔、记号笔。

【方法步骤】

一、动物的分组

选择性别相同、体重相近的实验动物 20 只，经粪便检查自然感染线虫。将实验动物随机分成两组，每组 10 只，并使每组之间体重大致相当。

二、驱虫前的检查

投药前 1 ～ 2 d，每天逐头两次收集粪便，混匀，采用饱和盐水漂浮法检查试验动物感染数，用麦克马斯特法检查各组每头试验动物粪便中虫卵的数量，计算每克粪便中线虫虫卵的数量（EPG）。

三、投药

第一组按 0.3 mL/kg 注射 1% 伊维菌素。第二组为对照组。

四、驱虫后的检查

（1）观察实验动物的饮食欲、精神状况和粪便状况等。

（2）用药后 3 ～ 5 d，将所排出的粪便用粪兜全部收集起来，进行水洗沉淀，计算并鉴定驱出虫体的数量和种类。

（3）用药后第 6 天，剖检各组中一半实验动物，收集并计算残留在实验动物体内各种线虫的数量，鉴定其种类。

（4）其他实验动物在用药 15 ～ 20 d 后，每天逐头两次收集粪便并混匀，采用饱和盐水漂浮法检查试验动物感染数，用麦克马斯特法检查各组每头实验动物粪便中虫卵的数量，计算每克粪便中线虫虫卵的数量（EPG）。

五、驱虫效果的判定

采用虫卵减少率、虫卵消失率、精计驱虫率和粗计驱虫率等指标来判定驱虫效果。驱虫试验的结果可按表 4 和表 5 处理。

$$虫卵减少率（\%）=\frac{驱虫前平均 EPG－驱虫后平均 EPG}{驱虫前平均 EPG}\times100\%$$

$$虫卵消失率（\%）=\frac{驱虫前动物感染数－驱虫后动物感染数}{驱虫前动物感染数}\times100\%$$

$$精计驱虫率（\%）=\frac{驱出虫数}{驱出虫数＋残留虫数}\times100\%$$

$$粗计驱虫率（\%）=\frac{对照动物荷虫总数－驱虫后试验动物（体）内残留活虫数}{对照动物荷虫总数}\times100\%。$$

表 4 试验动物粪便中虫卵变化

检查项目	伊维菌素处理组		对照组	
	驱虫前	驱虫后 20 d	驱虫前	驱虫后 20 d
阳性动物头数				
阴性动物头数				
克粪便虫卵数				
虫卵转阴率	—		—	
虫卵减少率	—		—	
注："—"为无数据				

表 5 驱出虫数与体内残留虫数

检查项目	伊维菌素处理组	对照组
驱出虫数		
残留虫数		
精计驱虫率		
粗计驱虫率		

【实验的注意事项】

1. 选准驱虫时机

对于定期驱虫而言，驱虫效果的好坏与驱虫时机选择的合适与否密切相关。驱虫的具体日期，应根据各种蠕虫的发育史，尤其是在宿主体内发育至成熟的时间，感染的季节动态等来决定，如条件允许选择在"成熟前驱虫"最好。因为这样可以在产卵之前驱除虫体而彻底消灭病原。一般对仔猪蛔虫可于 2.5～3 月龄和 5 月龄各进行一次驱虫，对犊牛、羔羊的绦虫，应于当年开始放牧后的 1 个月内进行驱虫。

2. 确定驱虫对象

（1）根据寄生虫病的流行病学资料；同时，结合临床症状，抽检一定数量的病畜，以了解群体中寄生虫病的感染率及感染强度，然后做出决定。

（2）根据动物体质的强弱、有无其他严重疾病及怀孕与否等情况来定。一般对于有严重疾病或正处在高热期的患畜，先进行适当的处理，待好转以后再进行驱虫。对于在怀孕期间不能驱虫的孕畜，应加强管理，于适当时期补行驱虫。对多宿主寄生虫而言，所有带虫动物均应同时驱虫，如肝片吸虫寄生于牛羊，在给牛驱虫的同时，应对附近的羊也应驱虫。

3. 驱虫动物的管理

最重要的是在投药后排虫期间的管理，在排虫期间应设法控制所有动物排出的成虫、幼虫或虫卵的散布，并加以杀灭。

（1）一般在动物驱虫后 5 d 内集中管理，将所排出的粪便及时清扫，利用堆积发酵的办法杀死粪便内的寄生虫。

（2）5 d 后应把驱虫动物驻留过的场地彻底清扫、消毒，以消灭残留的寄生虫。

（3）在驱虫期间应加强对动物的看管和必要的护理，供给充足的清洁饮水，注意适当的运动，若发现较重的不良反应或中毒现象，应及时抢救。

（4）役畜在驱虫期间最好停止使役。

【技能要求】

能够掌握动物驱虫技术的操作要领并完成实习报告。

参 考 文 献

［1］张渊.动物寄生虫病防制技术［M］.北京：中国农业出版社，2014.

［2］路燕，郝菊秋.动物寄生虫病防制［M］.2版.北京：中国轻工业出版社，2017.

［3］汪明.兽医寄生虫学［M］.3版.北京：中国农业出版社，2013.

［4］张宏伟，匡存林.动物寄生虫病［M］.2版.北京：中国农业出版社，2015.

［5］孙维平，王传锋.宠物寄生虫病［M］.北京：中国农业出版社，2007.

［6］孔繁瑶.家畜寄生虫学［M］.2版.北京：中国农业大学出版社，2010.

［7］张宏伟，杨廷桂.动物寄生虫病［M］.北京：中国农业出版社，2006.

［8］张宏伟，董永森.动物疫病［M］.2版.北京：中国农业出版社，2001.

［9］张西臣，李建华.动物寄生虫病学［M］.4版.北京：科学出版社，2017.

［10］王世若，王兴龙，韩文瑜.现代动物免疫学［M］.长春：吉林科学技术出版社，
1996.

［11］蒋金书.动物原虫病学［M］.北京：中国农业大学出版社，2000.